音频技术与声音艺术丛书

传媒典藏

交互式音频程序开发

童雷韩柯著

CREATING INTERACTIVE AUDIO APPLICATIONS WITH PURE DATA

U0363634

人民邮电出版社

北京

图书在版编目（CIP）数据

交互式音频程序开发 / 童雷，韩柯著. -- 北京：
人民邮电出版社，2018.8
（音频技术与声音艺术丛书）
ISBN 978-7-115-47506-0

Ⅰ. ①交… Ⅱ. ①童… ②韩… Ⅲ. ①音频技术—程
序设计 Ⅳ. ①TN912

中国版本图书馆CIP数据核字(2017)第307300号

内 容 提 要

这是一本关于如何为电子音乐、数字交互艺术开发音频程序的图书。该书从声学、数字音频以及计算机通信基础入手，结合 Pure Data 示例程序分类讲解各种声音合成与实时处理技术的实现方法，并介绍如何通过支持 MIDI、OSC 协议的交互设备为程序增加交互形式，帮助声音设计师与艺术创作者完成交互式的声音作品。

◆ 著　　　童 雷 韩 柯
　　责任编辑　宁 茜
　　责任印制　彭志环

◆ 人民邮电出版社出版发行　　北京市丰台区成寿寺路 11 号
　　邮编　100164　电子邮件　315@ptpress.com.cn
　　网址　http://www.ptpress.com.cn
　　北京圣夫亚美印刷有限公司印刷

◆ 开本：800×1000　1/16
　　印张：11.75　　　　　　　　　　2018 年 8 月第 1 版
　　字数：245 千字　　　　　　　　2018 年 8 月北京第 1 次印刷

定价：69.00 元

读者服务热线：(010)81055339　印装质量热线：(010)81055316
反盗版热线：(010)81055315
广告经营许可证：京东工商广登字 20170147 号

本书系北京电影学院"教学质量提高项目"研究成果

前言

　　计算机与网络技术为数字艺术带来了新的理念，在一些算法与交互艺术作品中，声音的设计就是一个音频程序的开发过程。本书正是为数字媒体作品中音频程序的开发教学而编写。

　　本书从声学与数字音频的基本知识入手，以程序设计语言 Pure Data 为平台，对音频处理与声音合成的实现方法进行讲解。Pure Data 是数字艺术领域广泛使用的声音设计工具，它采用图形化的操作方式，即使是没有计算机编程经验的声音设计师也可以使用 Pure Data 轻松地完成一个音频程序。

　　正如计算机音乐的先驱 Max Mathews 所说，"Max 与 Pure Data 可以让差不多所有人立刻合成出一个没有意思的音色。制作有趣的音色则要面临许多困难，需要更多的额外知识。"声音合成涉及一些数学与信号处理方面的理论，本书仅对这类技术的基本原理作出简要介绍，力图通过实用性的 Pure Data 程序示例帮助读者理解这些概念。如果需要深入掌握声音的处理与合成，可以阅读 Pure Data 作者 Miller Puckette 所著的《电子音乐技术》(the Theory and Technique of Electronic Music) 一书。此外，Andy Farnell 所著的《设计声音》(Designing Sound) 则从"过程式音频"(procedural audio) 的角度探讨了一些具体音响效果的程序实现，让声音设计师能够摆脱数字音频样本的束缚，将实时合成技术运用到自己的作品中。

　　交互是数字艺术的一种创作理念，交互作品通过创作者的规则设计让观众的行为能够改变作品的内容与形态。对交互作品中的音频程序而言，观众可能以各种行为去操控或者影响程序的执行，从技术上讲，这需要让音频程序获取反映观众行为的数据。本书的最后一章对交互式音频程序的实现技术进行了介绍，这包括 MIDI 与 OSC 两种主流的多媒体系统通信协议，以及一些易于使用的交互设备。这些技术可以让 Pure Data 开发的音频程序以多种形式与体验者进行交互。一些交互设备的使用可能涉及代码式的计算机语言，并要求使用者具有电子学方面的知识。不过，互联网与代码共享正在让交互式音频程序的开发变得轻松，相信科技发展将带来声音设计理念的再一次革新。

　　最后，感谢本书的编辑宁茜和熊一然，正是你们的细致工作让本书可以顺利出版。感谢研究生李子龙、胡晓同学为本书的程序插图进行整理与校对。感谢所有在 Pure Data 论坛为我提供帮助与建议的朋友。

目录

第 1 章

数字化的声音

本章将介绍一些声学与数字音频领域的基本概念，这些知识可以帮助你理解声音在数字世界的存在形式。

1.1 声波与信号

声音是由声源振动、声波传播和听觉感受三个部分共同构成的。我们把发出声音的振动物体称为声源，声源振动时，会引发周围弹性介质的波动，形成声波（sound wave），而声音则是人脑通过听觉器官对声波的感受。举例来说，扬声器的振膜振动时，会引发周围空气粒子的波动而产生声波，当我们所在的区域存在着声波时，人耳就会听到声音。

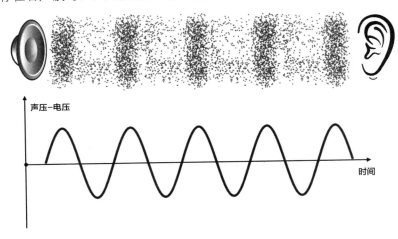

图 1.1　声波与信号

空气中的声波可以引发单位区域的气压变化，气压的变化量被称为声压（sound pressure）。如果沿着声波的传播方向把气压的变化记录下来，就会形成一个波形图（见图 1.1），把波形图放入以"时间"为横轴，以"声压"为纵轴的直角坐标系中，声波就可以用一个声压随时间变化的函数"y= Sound Pressure（time）"来表示。当你使用类似话筒这样的换能器将气压变化转换成电能时，声波就表现为一个电压随时间变化的函数"y=Voltage(*time*)"，也就是一个音频信号（audio signal）。

如果声源的振动具有规律性，声波的波形就会呈现一个周期性重复的曲线。例如，音叉振动时的波形就类似一个周期性的正弦曲线，这让我们可以用一个包含频率（frequency）与振幅（amplitude）变量的方程来描述它的声波（见图 1.3）。当然，并不是所有声波的波形都具有周期性，比如一个噪声的波形[1]（见图 1.2），不过我们通常以正弦波为模型来定义声波的物理特性。

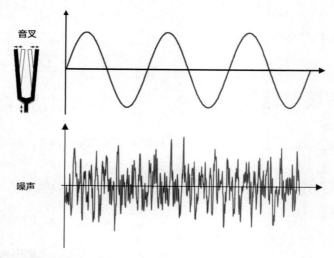

图 1.2 音叉与噪声的波形

声波的物理特性

声波的物理特性主要有频率、振幅、波长、周期，这里以图 1.3 为例来说明这些特性。

周期：如果一个声波的波形由可分辨的重复图形组成，则每个重复图形的持续时间就称为这个声波的周期。

频率：频率被定义为周期的倒数，单位是赫兹（Hz）。频率反映了声波在一秒钟内可以完成多少个完整周期。人耳可听到声波的频率在 20 赫兹（Hz）～ 20

---

1 这里的噪声是物理学上的定义，心理学上通常把干扰人们获取有效信息的声音称为噪声。

千赫兹（kHz）之间。

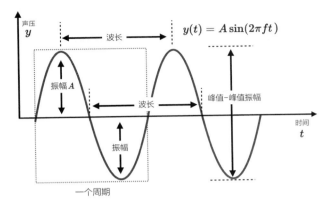

图 1.3　**声波的物理特性**：公式中 t 表示时间，A 表示振幅，f 表示频率

　　波长：波长是波形的一个周期在其传播方向的传播距离，它通常使用一个距离单位，比如"米"。

　　振幅：如图 1.3 所示，我们通常设 x 轴为振动的平衡位置，这时声音的波形在 x 轴的上下区域是对称的。声波的振幅【准确地说是峰值振幅（amplitude）】被定义为波形曲线离开 x 轴的最大垂直距离。如果波形在 x 轴的上下区域不对称，我们可以使用峰峰值振幅（peak-to-peak amplitude）来描述这个波形最低点与最高点之间的距离。声波的振幅可以反映它改变气压的最大程度。

　　对于周期性的声波，我们还常使用相位来描述它在周期中的运行位置。当两个频率相同的声波在一起传播时，如果一个声波相对于另一个延迟了一些时间发出，它们之间就会出现相位差（见图 1.4）。相位差可以反映两个同频率信

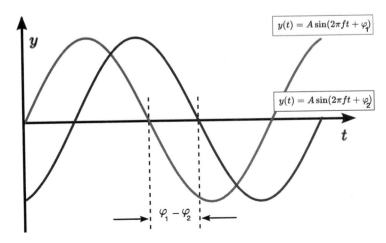

图 1.4　相位差

号之间的时间差，它的常用单位是度（°）。如果两个频率与振幅都相同的声波恰好相差180°，它们的音频信号将在叠加时相互抵消。

1.2　乐音与傅里叶理论

如果一个声音的波形呈现出稳定的周期性，就可能听出一个固定的音高（pitch，又称音调）。我们把具有固定音高的声音称为乐音（tone）。乐器所发出的声音基本上都是乐音，例如钢琴的每一个琴键都能发出不同音高的乐音。

最简单的乐音是纯音（pure tone），它的波形是正弦波，而它的音高取决于正弦波的频率。严格地讲，现实世界中的物理乐器并不能发出真正的纯音，并且它们所发出声音的波形各不相同。而根据数学家傅里叶的理论，任何周期性的波形都可以用一系列具有特定频率、振幅以及相位关系的正弦波组合而成，这就意味着每一种乐音都可以由一系列不同音高的纯音组合而成（见图 1.5 及图 1.6）。

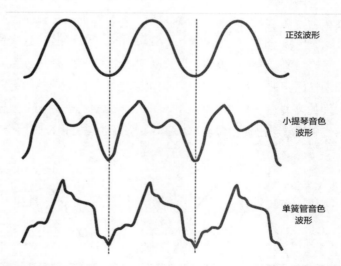

正弦波形

小提琴音色波形

单簧管音色波形

图 1.5　不同乐器的波形

基音、泛音、谐音

当我们把乐音看作一系列纯音的组合体时，其中决定乐音音高的纯音被称为基音（fundamental tone），而其他的纯音被称为泛音（overtone）。通常，基音的响度比每一个泛音都大，并且它与泛音在频率值上存在着一定的比例关系。

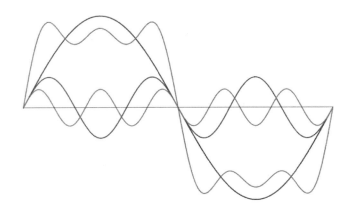

图 1.6　图中的浅色波形由三个正弦波组合而成，其中振幅最大的正弦波形对应基音，频率为基音 2 倍、3 倍的正弦波形分别对应第二谐音与第三谐音

基于上述规律，我们把频率等于基音的纯音称为第一谐音（first harmonic），频率等于基音两倍的纯音称为第二谐音（second harmonic），三倍的称为第三谐音（third harmonic）[2]，依此类推。如果一个声音仅由一些频率成整数倍增加的谐音组成，它的波形就会呈现出理想的周期性，音高也会清晰而稳定。当然，真实乐器的一系列泛音不可能像谐音一样符合严格的整数倍关系，因此，当小提琴和钢琴发出相同音高的音时，这两个乐音的基音频率是一致的，但它们的泛音不会相同，而这是造成钢琴与小提琴，甚至两把小提琴之间音色（timbre）不同的原因之一。

1.3　时域分析与频域分析

信号的波形反映了信号强度随时间的变化，使用波形图来描述与分析一个信号的方式被称为时域分析。根据傅里叶级数理论，周期性的波形可以由一系列特定频率的正弦波形组合而成，如果将一系列正弦波的频率记录下来，就形成了这个信号的频谱图（见图 1.7）。对周期性信号而言，组成它的一系列正弦波在频率上成整数倍关系，因此它的频谱图是一系列间断的点，这些点被称为信号的频率分量。我们把这种使用频谱图来分析信号频率分量的方式称为频域分析。

2　描述声音时，我们可能会混用泛音与谐音这两个词。严格意义上讲，谐音是用来抽象地指代频率为基音整数倍的纯音的，对真实乐器而言，它的泛音频率与谐音频率不一定相同，且泛音组合中不一定包含所有的谐音。

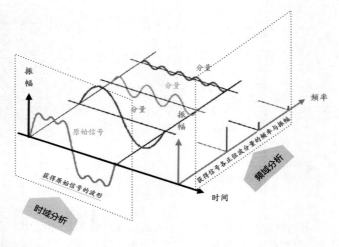

图 1.7 时域与频域

　　对一个音频信号进行时域分析可以获得其强弱变化的范围与速率，这也在一定程度上反映了声音的响度变化[3]，帮助我们判断信号的峰值出现在什么时刻。另外，对信号进行频域分析可以得到信号各频率分量的情况，对一个乐音而言，频率分量直接反映了其基音与泛音的频率和振幅，因此可以影响信号还放时的音色。需要说明的是，大部分音频信号并不具有周期性，但我们可以截取信号的一小段时间（比如 300ms）并把它不断重复，这样就能得到信号一小段时间上的频谱图。

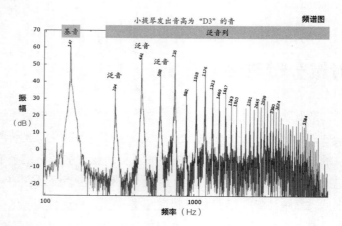

图 1.8 频谱图

　　分析音频信号时，我们也会组合使用时域分析与频域分析，让频谱图具有

3　声音的响度是一个主观量，事实上它的大小不只取决于信号的强度。

随时间变化的特性，这样就可以形成一个反映信号各频率分量变化过程的声谱图（见图 1.9）。

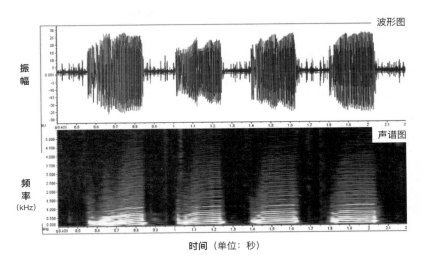

图 1.9　波形图与声谱图

1.4　数字信号与 PCM 音频系统

　　声波是发生在物理世界的现象，它所引发的气压变化是一个逐渐增大或减小的连续过程，这里的"连续"可以理解为在任意短的一个瞬间，都会存在一个可以测定的气压值。当我们通过话筒的输出电压来反映气压的变化时，得到的音频信号模拟了这种连续变化的特性。我们称这种在时间与取值上具有连续性的信号为模拟信号（analog signal），在音频系统中，由话筒直接输出的音频信号就是一种模拟信号。在数字音频技术出现之前，音频信号总是以模拟信号的形式被传输、处理，或是记录在模拟磁带上。

　　另外，计算机只能处理由数字（digit）表示的信息，当我们需要在计算机这类数字设备上记录或者处理音频信号时，声压或者电压的变化过程必须使用一串数字序列来表示。将模拟信号转换为数字序列的过程被称为数字化，这个过程类似于摄像机对现实世界的记录。摄像机以固定的速率拍摄下一系列静态画面（比如"每 1/24 秒"拍摄一幅），而在数字音频领域，我们使用"模拟 - 数字转换器"（ADC）来"拍摄"模拟信号，得到信号在拍摄瞬间的振幅。

在计算机音频领域，最常用的数字化技术是"脉冲编码调制"（PCM），基于"脉冲编码调制"的音频系统被称为 PCM 数字音频系统。"脉冲编码调制"主要由"采样"（sampling）和"量化"（quantization）两个环节构成，其中涉及的"采样率"（sampling rate）、"量化精度"（bit depth）等参数决定了模拟信号到数字信号的转换质量。

在一个典型的 PCM 数字音频系统中，被称为"模拟 - 数字转换器"（Analog to Digital Converter，简称为 ADC）的设备将以固定的时间间隔对模拟信号进行采集，并得到一系列描述信号振幅的样本。在信号处理领域，这个采集过程被称为采样（sampling），而获得的样本称为样点（sample）[4]。

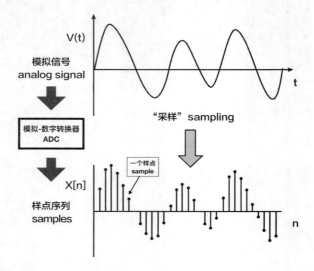

图 1.10　采样

1.4.1　采样率

在信号的采样过程中，每秒采集样本的次数称为采样率，它的单位为赫兹（Hz）。根据业界标准，数字音频设备总是使用几种固定的采样率，比如 22050Hz、44100Hz 和 48000Hz。更高的采样率可以带来更好的转换质量，但也意味着更大的数据量（如果量化精度相同），因此，我们需要根据需求来设置一个合适的采样率。

"采样率需要大于所记录信号最高频率的两倍"，这个来自"奈奎斯特采样定理"（Nyquist–Shannon Sampling Theorem）的准则为采样率的选择提供了依据。

4　样点也被称为采样、采样点、样本等。本书将描述信号瞬时振幅的点称为样点，而样本通常指代由一系列样点组成的数字音频文件。

我们可以这样思考问题，如果需要采样的音频信号为 1000Hz 的正弦波，那么就要让"模拟 - 数字转换器"的采样率高于 2000Hz。换句话说，对于一个采样率确定的系统，其采样率的 1/2 就是这个系统可以正确记录的最高频率分量，后者也被称为"奈奎斯特频率"。

1.4.2 混叠失真

物理世界的模拟信号中包含着复杂的频率分量，如果被采样的信号包含有大于奈奎斯特频率的分量，就会出现"混叠失真"（aliasing distortion）。在图 1.11 中，一个 7Hz（大于采样频率值的 1/2）和一个 3Hz 的信号在 10Hz 的采样率下会得到相同的采样结果，这种现象将造成采样后的数据无法正确还原为原始的音频信号。更糟糕的是，如果没有原始信号作为参考，我们可能无法判断采样后的数据是否带有"混叠失真"。

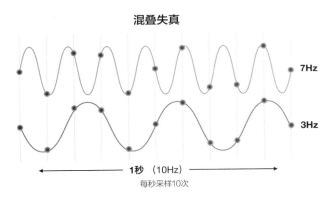

图 1.11 混叠失真

解决"混叠失真"的常用方法是在信号开始采样之前对其使用低通滤波器，这是一种控制信号频率范围的措施，它可以滤除信号中高于一定频率的分量。随着技术的发展，今天的模拟 - 数字转换器会使用各种技术来应对"混叠失真"。

在 PCM 数字音频系统中，我们通常把采样率设置为 44100Hz 或 48000Hz，这意味着记录或播放的信号通常不会包含 20kHz 以上的频率分量[5]，但考虑到人耳的可闻频率范围在 20kHz 之内，44100Hz 的采样率已经能够得到满意的听觉效果。为了减小音频数据的体积，我们也会使用 44100Hz 以下的采样率，并使

---

5 44100Hz、48000Hz 等采样率的选择与当时的数字系统技术标准有关。早期的数字信号记录在模拟磁带上，而 44100Hz 可以与这些模拟设备实现最大程度的兼容。当然从人耳可闻频率范围的角度，这一采样率也同时满足了可正确记录 20kHz 以内信号的要求。

用一些算法技术弥补信号高频成分在低采样率下的丢失。不过，这类技术仅仅是一种修饰，而不是还原了原始信号中高于采样率 1/2 的频率分量。另一方面，采用大于 44100Hz 的"过采样"技术可以提高采样间隔的准确度，或者配合一些特殊的信号转换方案来提高转换质量。

"量化"（Quantization）是"脉冲编码调制"中位于"采样"之后的处理环节，这个过程通常也由"模拟 - 数字转换器"完成。实现量化的技术方案有很多，但目的都是用一个确定的数值来表示采样所得的样点。

这里介绍一种计算机音频行业常用的量化方案。假设被采样信号的幅值在 0 ～ 1V 之间连续变化，可以把 0 ～ 1V 划分为多个带有编号的区间，比如（1 号）0 ～ 0.1V，（2 号）0.1 ～ 0.2V，（3 号）0.2 ～ 0.3V……（10 号）0.9 ～ 1V。当被采样信号的电压值落在区间 0 ～ 0.1V 时，我们就用编号 1 来代表这一瞬间的电压，如此一来，你就可以把一系列样点记作一系列（代表区间编号的）数字了。这里，区间的划分并不一定是等间距的，但等间距方案在计算机音频行业最为常用，这一方案被称为"线性脉冲编码调制（LPCM）"。

1.4.3　量化精度

计算机系统的最小数据单位是比特（bit），也就是一个二进制数位（可以有"1"或"0"两种状态）。如图 1.12 所示，如果在垂直方向划分出 16 个等

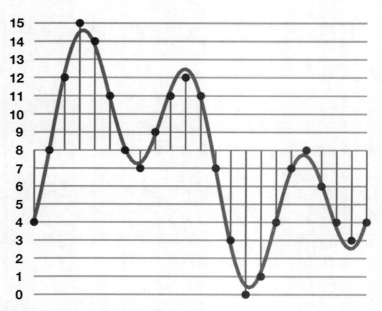

图 1.12　等间距的 LPCM 方案（4bit）

间距区间，则需要4bit（16=2^4）才能表示出16个不同的区间编号。这时，我们称数字系统使用了4bit的量化精度（bit depth）。量化精度越高，划分的区间越多，振幅的描述就越准确，不过这也意味着更大的数据量。今天的数字音频系统通常使用16bit的量化精度来记录音频数据，这一精度可以满足大部分音频信号的记录与还放需求，不过，当我们需要记录一个幅值变化很大的信号，或者需要对数字信号进行复杂的运算时（这些运算可能会导致无限小数的出现），我们也会采用32bit或者64bit的量化精度。严格地说，量化精度是在特定量化方案下的概念，它的选择与被量化信号的动态范围和运算精度同时相关。

其他量化方案

除"线性脉冲编码调制"外，数字音频行业还会使用一些非等间距量化方案，比如 A-law algorithm、μ-law algorithm，以及根据信号预测算法自动调整量化区间数量的 ADPCM 等方案。此外，称为 DSD 的数字化技术采用了不同于 PCM 的"脉冲密度调制"（PDM）方案。"脉冲密度调制"使用远高于 PCM 采样频率的脉冲信号（典型采样率达 2.8224MHz）对原始信号进行采样，这时模拟信号的幅值可以用输出脉冲密度来表示。

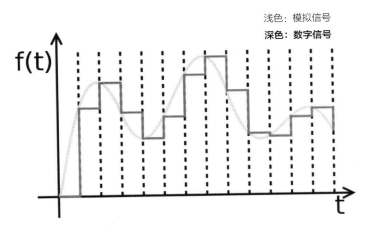

浅色：模拟信号
深色：数字信号

图 1.13 数字信号与模拟信号

经过"采样"与"量化"后，模拟音频信号就成为一串带有次序的数字序列，也就是一个数字音频信号。相比模拟信号而言，数字音频信号中的数字只代表声波在被采样瞬间的振幅，因此不能完整反映出振幅的连续变化过程。此外，数字信号的取值精度也是有限的，假设我们只用"1、2、3、4"这四个整数来表示电压从 1V 到 4V 的变化过程，那么 1V 与 2V 之间的电压只能被近似成

1 或 2，这就是数字信号在取值上的离散特性。不过，数字形式的音频信号在记录与传输过程中不会出现失真，并且可以通过计算机技术获得前所未有的处理方式，因此今天的音频处理系统绝大多数是一个基于计算机的 PCM 数字音频系统。

1.5 音频编码与数据压缩

"脉冲编码调制"技术把音频信号转化为一组带有先后次序的数字，当"模拟 - 数字转换器"工作时，代表信号幅值的数字将被依次输出，形成一个数据流（data stream）。这里，数据流在单位时间的数据量和采样率、量化精度同时相关。如果使用 44100Hz 的采样率，16bit 量化精度，则输出信号的数据密度就是每秒 705600（44100×16）bit，或称其码率为 705.6kbit/s（千比特每秒）。你可能更常看到 1411.2kbit/s 这个码率，它是 PCM 音频系统在 44100Hz 采样率与 16bit 量化精度下传输两个独立音频信号的单位时间数据量，这是因为源自 CD 技术的数字音频行业多数使用立体声制式，因此需要同时处理左右两路音频信号。

对于专业的音频录制与处理系统而言，1411.2kbit/s 并不是一个很大的码率，因此，我们会把模拟 - 数字转换器的处理结果直接记录下来，成为一个 LPCM 编码格式的 WAV 或 AIFF 文件，也被称为无压缩音频文件。但如果持续记录较长时间的声音，或者需要通过网络传输音频数据，较小的码率会让工作更为灵活。为了缩减数字音频信号的码率，业界开发出了一系列音频数据压缩技术。

简单地说，数据压缩技术可以用一组数位更少的数字来代替另一组数字，基于这个概念我们把压缩原始数据的过程称为编码（encode），而由压缩后数据还原为"原始数据"的过程称为解码（decode）。根据数据压缩的实现原理，音频压缩技术可以分为"无损压缩"和"有损压缩"两类，不同的压缩技术可以通过编码格式（coding format）来区分。常见的"MP3""WMA""AAC""Vorbis"（也被称为 OGG）等编码格式使用了有损压缩技术，因此它们被称为"有损压缩编码格式"；而使用无损压缩技术的格式有 FLAC、WAVPACK、Monkey's Audio、Advanced Lossless，它们属于"无损压缩编码格式"。

1.5.1　无损压缩

　　无损压缩技术主要利用音频数据的冗余特性来实现数据量的缩减。具体地说，使用"线性脉冲编码调制"方案产生的数据包含大量的重复信息，如果我们使用另一种格式来描述数据，就可以缩减信息的重复部分，这种方法可以简单地理解为把"1，1，1，1，1"写为"5个1"。无损压缩改变的只是信息的描述方式，并没有改变它的内容，通过解码，压缩后的数据可以完全还原为原始数据，而这是无损压缩与有损压缩技术的主要区别。

　　根据数据的复杂程度，无损压缩技术通常能将使用 LPCM 编码的数据体积缩减 25% ～ 40%。当你需要存储大量音频数据时，这会带来明显的存储优势。不过，由于大部分音频软件的处理都是基于 LPCM 编码的，所以当你对数字信号进行实时运算时（比如加入一些延时或混响效果），需要把使用无损压缩编码的数据转换为 LPCM 编码。

1.5.2　有损压缩

　　有损压缩的原理是根据人对声音信号的感知模型来去除信号中不易被人觉察的频率分量。简单地说，"无法被听到的频率就没有必要存储"。使用有损压缩编码记录数据时，压缩后的信号比原始信号拥有更简单的频谱，因此可以用较小的数据量来存储。不过，使用有损压缩格式的数据无法通过解码得到与原始信号完全一致的数据，因为"不被觉察"的频率分量将在编码过程中被永久丢失。尽管如此，相比使用 LPCM 编码的原始音频信号，有损压缩技术通常能使用其 1/5 的码率得到听感上十分接近的效果，因此仍然是今天通过网络发行音频资料以及在线播放音频数据时最常用的编码格式。

1.6　数据封装与信号重建

　　在计算机和互联网中存储与传输的音频数据可能使用各种不同的编码格式。例如，通过网络下载的音乐数据通常使用 MP3 或 AAC 编码格式，而游戏程序中的音频数据可能使用 Vorbis 编码格式。为了让计算机操作系统能够正确地区分这些编码，我们会按照一个标准的结构来存放这些数据，并为它们添加描述性的标签信息，这种处理方式被称为"数据封装"。

封装格式

音频数据的封装方案主要由封装格式（container format）来定义。比如专门用于封装音频数据的 WAV、AIFF、OGG 封装格式，以及可以同时封装视频与音频数据的 AVI、MOV、MP4、MKV 等多媒体封装格式。通常，一种编码格式的音频数据可以使用一种或几种指定的封装格式，比如 LPCM 使用 WAV 封装格式，AAC 使用 MP4 封装格式，Vorbis 使用 OGG 封装格式。

不同封装格式的数据结构和可使用的描述信息不同。图 1.14 所示是 WAV 封装格式的数据结构，这里，文件中存放的数据被分为元数据（metadata）与资料数据（data）两部分。资料数据通常是使用 LPCM 编码的音频数据（也就是表示样点幅值的数字序列），而元数据则是资料数据的描述信息，其用来说明这段资料数据所用的编码格式、采样率以及量化精度等参数。由于封装格式要求数据严格按照一定的数位结构来存储（比如每 32 位数据代表一个参数，依次是音频格式、声道数量、采样率等），因此计算机软件可以根据数位来区分数据的描述内容。

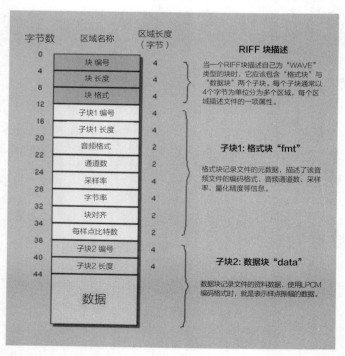

图 1.14　WAV 格式的数据结构

WAN 与 AIFF 封装格式

　　WAV 格式的全称是 Waveform Audio File Format，它是个人计算机上最常用的音频数据封装格式。WAV 由 IBM 与 Microsoft 公司设计，使用文件扩展名 .wav 或 .wave。WAV 格式主要用来封装 LPCM 编码的音频数据。它的元数据包含声道数目、采样率、字节率、每采样点比特数（即量化精度）等描述信息。

　　AIFF 的全称是 Audio Interchange File Format，它是 Apple 公司为 Macintosh 操作系统设计的音频数据封装格式，使用文件扩展名 .aiff、.aif 或 .aifc。与 WAV 类似，AIFF 中封装的资料数据通常使用 LPCM 编码，元数据也包含声道数目、采样率、字节率、每采样点比特数等信息。最新版本的 AIFF 格式允许添加音高与拍速（tempo）等音乐用描述信息，这些信息可以为 Apple 的 GarageBand、Logic Pro 等编曲软件提供相关功能。

　　在计算机操作系统中，我们看到的音频文件通常使用扩展名（比如 .wav、.aiff）来标识出它所采用的封装格式。当我们命令计算机播放一个音频文件时，操作系统会根据文件的封装格式来启动相应的解码程序（codec），而解码程序可以根据文件元数据中的描述信息自动设置解码参数，进而将文件中的资料数据还原为表示幅值信息的数字序列。在这个数字序列被重建为模拟信号之前，你可以使用音频编辑软件对数字化的"声音"进行处理，在数字音频系统中，所有处理都是单纯的数字运算，并且很多时候，这些处理是与模拟信号的重建同时进行的，因此也被称为实时处理。

　　由数字序列重建出模拟信号的过程主要由"数字 - 模拟转换器"（DAC）来完成。"数字 - 模拟转换器"通常位于计算机的物理音频接口（也称声卡）上，这个功能单元能在音频驱动程序的控制下读取内存中表示样点幅值的音频数据，并将它们还原成可以驱动扬声器的模拟信号。当扬声器引发周围空气粒子的波动时，数字世界的"声音"就在物理世界重现了。

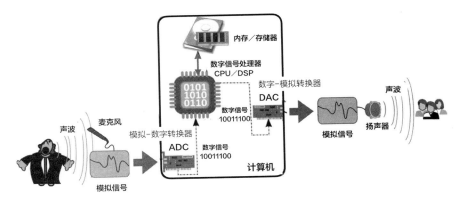

图 1.15 典型的数字音频系统

音频程序设计语言 Pure Data

  Pure Data 起源于 Miller Puckette 为法国 IRCAM（音乐音响研究中心）开发的交互式电脑音乐创作平台——Max，该平台的初衷是让用户可以使用"放置"与"连接"这样的图形化操作进行数字音频系统的开发。早期的 Max 平台需要配合专门的音频信号处理设备来工作，不过从 20 世纪 90 年代开始，软件厂商 Cycling' 74 开始对 Max 进行商业化，并将其发展为一款名为 Max/MSP/Jitter 的计算机软件。如今，Max 已经是数字艺术领域知名度较高的交互式多媒体程序开发平台之一。

  1996 年，Miller Puckette 基于 Max 的设计理念开发了针对家用计算机的软件 Pure Data（本书简称为 Pd）。Pd 与 Max/MSP 有着类似的功能与操作方式，不过 Pd 是一款开源软件，这意味着爱好者可以从代码层面对它的功能进行扩展，也可以发布运行于各种操作系统的 Pd 版本。很快，Pd 就通过第三方的功能扩展库实现了视频信号处理、实时图形演算等功能，并出现了运行于 iOS、Android 等移动平台，甚至 Raspberry Pi[1] 平台的版本。同时，一些视频游戏开始使用 Pd 作为音频系统，这意味着使用 Pd 开发的音频程序可以像传统的 WAV 文件那样被这些游戏"播放"，这让 Pure Data 从一个音频程序设计工具发展成为一个跨平台的多媒体程序设计语言。

  这一章我们将介绍 Pd 的基本操作，并使用 Pd 逐步构建声音合成器中的一些主要功能模块。这个过程能帮助你了解使用 Pd 开发音频程序的典型步骤。

  1　Raspberry Pi 被称为"树莓派"，它是一种为计算机教学而开发的卡片式计算机。"树莓派"可以运行一些开源的类 Unix 操作系统，其外形只有信用卡大小且成本低廉，却具有普通计算机的几乎全部功能，因此常被作为数字作品的硬件实现平台。

开源软件

"开源"（open-source）一词来自计算机软件行业，它表示一款计算机软件的源代码开放给公众进行学习、修改或者再开发。大部分开源软件与 Pd 一样可以通过官方网站获取软件的代码，通过修改这些代码，你可以完善或增加软件的功能，甚至为其开发新的版本。这也是为什么能看到多种版本 Pd 的原因，比如 Pd-L2ork、Pd-extended 等。开源软件并非没有版权，开源软件的作者通常会声明软件所遵循的开源协议以要求代码的使用者遵守一些约定，比如保留原作者署名、不进行商业销售，或者保持再开发内容开源等。

2.1 Pd 的安装与设置

2.1.1   安装 Pd

Pd 的官方网站 www.puredata.info 可以免费下载多个版本的 Pd 安装文件。本书使用的是 Pd vanilla 0.47 版本。Pd vanilla 是由 Pd 原作者 Miller Puckette 维护的版本，其内置功能可以满足基本的音频程序开发需求。Pd vanilla 0.47 可运行于 Linux，MacOS X，Windows 等操作系统，其在这些操作系统上的使用方式并无区别。如果需要，你可以参考 http://puredata.info/docs/faq 获取有关安装的详细步骤，包括 Linux 操作系统上的安装与设置。

图 2.1   Pd 主窗口与 Pd 菜单

2.1.2 Pd 操作界面

Pd 主窗口与 Pd 菜单：启动 Pd，Pd 主窗口（Pd windows）就会弹出（见图 2.1），它与 Pd 菜单构成了 Pd 的基本操作界面。在 MacOS X 系统中，Pd 菜单会在操作系统的顶部菜单显示。对于 Windows 与 Linux 系统，Pd 菜单会集成在 Pd 主窗口的顶部。当我们使用 Pd 时，可能会打开多个 Pd 窗口，而在 Windows 与 Linux 系统中，每一个窗口都会包含一个 Pd 菜单，这些菜单与主窗口的菜单功能一致。

设置区域：在 Pd 0.47 版本中，设置区域位于 Pd 主窗口的上部，该区域包含一个设置 Pd 系统信息显示模式的日志选项（Log），一个 DSP（代表 Pd 的音频信号处理系统）开关，以及 DSP 的状态指示。

系统信息显示区域：Pd 主窗口的下部是一个可滚动显示 Pd 系统信息的区域，它的功能与其他程序开发环境中的控制台（console）类似。使用 Pd 开发程序时，Pd 系统的反馈信息将被显示在这个区域，比如功能对象是否成功加载，是否有对象工作异常等。你也可以通过 Pd 的"打印"对象【print】将特定信息显示在这个区域中。通过设置区域中的日志选项，你可以选择显示信息的类型，比如只显示系统错误信息，只显示与"调试"（debug）相关的信息，或者显示所有类型的系统信息等。

2.1.3 Pd 音频系统的设置与测试

首次启动 Pd 时，建议你检查操作系统的音频设备设置，并测试 Pd 的音频系统是否能正常工作。Pd 通常从操作系统获取音频接口（又称为"声卡"）的设置选项。当计算机装有多个音频接口设备时，你可以通过 Pd 菜单的"Media（媒体）- Audio Settings（音频设置）"界面（见图 2.2）来为 Pd 指定一个音频接口。

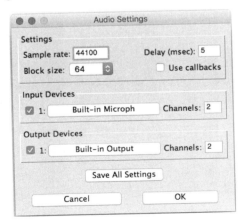

图 2.2　Pd 音频设置界面

Audio Settings（音频设置）界面中的 Input Devices（输入设备）与 Output Devices（输出设备）可以分别设置 Pd 使用的音频输入与输出接口。Pd 支持多通道音频输入与输出，如果音频接口支持，你可以使用 Pd 同时发送与接收 32 个或更多通道的音频数据。不过，Pd 通常无法获取音频接口的可用通道数，而需要用户在 Channels（通道）中手动填写。需要说明的是，Channels（通道）中填写的通道数只代表启动音频接口驱动时的加载参数，输入一个大于音频接口所支持通道数的参数并没有意义。

音频设置界面还可以对 Pd 音频系统的采样率（Sample rate）、信号处理延迟（Delay）、数据块长度（Block size，即音频数据缓存空间的长度），以及是否使用"回调"技术（callbacks）进行设置。通常，默认参数"采样率 44100、数据块长度 64"可以保证系统的正常工作。

进入 Pd 菜单的"Media（媒体）- Test Audio and MIDI...（测试音频与 MIDI）"，这将打开一个测试音频系统与 MIDI 通信的窗口。如果 Pd 选择的音频接口设备有信号输入（比如开启了内置话筒），Audio Input（音频输入）下面的方框中就会显示变化的数字。点击 Test Tones（测试信号）中的"60"或"80"选择框，Pd 将发出 440Hz 的正弦信号。如果你的音频接口工作正常，你应该可以听到这个纯音。将信号由 tone（乐音）选为 noise（噪声），Pd 会发出一个白噪声，这可以给你一个频带更宽的测试信号。

这里需要注意，inputs-monitor-gain（输入信号监听增益）选项可以通过输出设备直接监听来自输入设备的信号。如果你使用笔记本电脑内置的扬声器与话筒设备，请小心调整该选项，防止"回授"现象的发生。

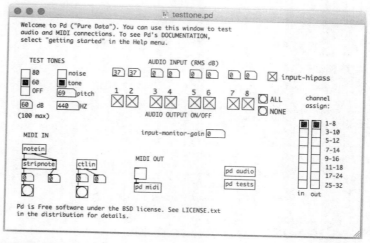

图 2.3　音频与 MIDI 测试窗口

ASIO 与 JACK

　　ASIO 的全称是 Audio Stream Input Output（高级音频流输入输出），它是由 Steinberg 开发的一个用于提高应用程序与音频接口之间数据传输效率的通用式音频设备驱动协议。早期 Windows 操作系统对音频设备的管理方式可能导致应用程序在录制或播放音频时具有较高的延迟值，而安装带有 ASIO 协议的驱动程序，则能获取较低的音频信号延迟值和更稳定的音频信号处理。专业设备厂商一般会为声音制作级别的音频接口设备开发带有 ASIO 或类似协议的专用驱动，如果你在 Windows 平台使用普通家用声卡，或是笔记本电脑的板载声卡，可以尝试安装通用驱动程序 ASIO4ALL，并在 Pd 的 Audio Settings 界面中为输入 / 输出设备选择带有 "ASIO" 的驱动。

　　JACK 是 JACK Audio Connection Kit（JACK 音频连接工具）的简称，它是一个开源的专业音频服务程序。JACK 的主要功能是实现操作系统中多个应用程序之间音频数据流的相互传送，这可以让 Pd 直接获取某个音频工作站或音源软件的音频数据流，或是将 Pd 输出的音频数据流发送给一些音频软件继续处理。在 Pd 中使用 JACK 需要下载并安装 JACK Server 程序，启动 JACK Server 后，在 Pd 的 Media 菜单选择 JACK，之后就可以通过 JACK Server 的控制界面来设置 Pd 与其他音频软件之间的信号连接。

2.1.4　Pd 启动参数

　　Pd 的一些功能需要以命令行参数的形式设置，这些功能包括在 Pd 启动时自动设置图形界面的字体、音频系统参数以及载入由第三方开发的外部功能库（libraries）等。命令行参数可以通过 Pd 菜单 "Preference（偏好设置）- Startup（启动）的 Startup flags（启动标示）输入，你可以通过官网查询这些命令及其功能。

Pd 外部库的查找与安装

　　Pd 菜单中的 "Help（帮助）-Find Externals（查找外部库）" 可以帮助我们在线查找并下载一些 Pd 的外部库，这些外置库由爱好者编译并上传，你需要根据自己的操作系统来选择对应的编译版本，比如 Windows 操作系统选择 "Windows-i386"，MacOSX 操作系统选择 "Darwin-i386-32/x86_64-32"。我们也可以从 Pd 官网或其它开发者的网页下载 Pd 的外部库，这时需要通过 Pd 菜单的 "Pd—Preferences（偏好设置）—Path...（路径）" 添加外部库所在的文件目录。

2.2　Pd 的基本元素

　　在使用 Pd 开发音频程序之前，我们先来介绍 Pd 的一些基本元素。

2.2.1 对象与程序

Pd 使用图形化的"对象"（Object）来代表一个实现特定功能的虚拟设备（比如一个振荡器、延时器，或者一个加法运算器），而"程序"（Patch）则是由多个对象相互连接而成的系统。就像你用线缆连接各种音频效果器一样，在 Pd 的环境里，通过连接并设置各种对象，你就可以完成一个音频程序的开发。

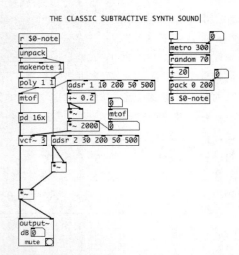

图 2.4 使用 Pd 对象构建的合成器程序

作为开发平台，Pd 为用户创设了一个数字化信息的实时处理环境，并且提供了一些实现系统控制与音频信号处理的基本功能对象。

Pd vanilla 中的大部分对象由 Pd 的作者 Miller Puckette 编写，这些对象被称为内建对象（built-in objects）。另外，Pd 是一款开源软件，爱好者与学术组织可以为 Pd 自由地编写对象，这些对象被称为外部对象（external object）。外部对象通常以外部库的形式被 Pd 载入，之后就可像内建对象一样使用，不过它们的版权属于对象的作者。

Pd 中的"程序"（Patch）与合成器的"音色设定"有着类似的概念，它以文本形式记录了一个系统所含对象的名称、参数、位置与连接关系，并将这些内容保存成扩展名为 .pd 的文件。使用 Pd 时，我们主要通过图形化操作来构建程序，如果需要，你也可以使用文本编辑器直接编辑一个 .pd 程序文件。考虑到一个"Pd 程序"所能实现的效果已经不仅仅是一个音色，并且 Patch 本身也代表了一个信号处理方案，本书将 Patch 译为"程序"，你也可以将它理解为软件开发平台中的"工程"或"解决方案"。

Object 与 Patch 的"不变"

来自计算机科学的"Object"常被译为"对象"。它是计算机程序中描述事物的一个数据组合或是特定函数。从程序开发者的角度来看，Pd 中的每个对象都是一个符合 Pd 执行规则的函数，当 Pd 的音频系统开始运行后，Pd 程序中的所有函数将根据对象间的连接关系被依次调用。而作为 Pd 的使用者，你可以把 Pd 中的对象看作一个可以独立实现特定功能的模块。

"Patch"一词来自电子音乐合成器，它原本指代合成器各模块之间的信号线连接关系。模块化合成器通过信号连接线（patch cord，又称跳线）将各种电子模块连接起来，不同的连接方式可以形成不同的音色。早期的合成器没有记录模块连接关系的功能，因此用户总是把模块之间的信号线关系图记录下来，并称它们为 Patch。

2.2.2 信息与信号

Pd 通过相互连接的对象进行数据处理，对象之间的连接线可以看作数据的传输线。在 Pd 对象之间传送的数据可以分为两类："信息"（message）与"信号"（signal）。

"信息"是表示数值或文本的数据，它可以是一个或一组表示具体数值的浮点数，也可以是一个字符串。Pd 中的对象通过"信息"来设置功能参数，或者相互交换数据。我们将在本章的示例 1 中对"信息"做出更为详细的说明。

"信号"是用于表示数字音频样点（sample）的特定格式数据，在标准的 32bit Pd 版本中，所有的音频样点都由取值在"-1"至"1"之间的 32 位浮点数来表示。在 Pd 中，只有支持音频信号处理的对象（也称为"波浪号对象"，Tilted Object）才能接收或发送"信号"。在图形显示上，传输"信号"的连接线也比传输"信息"的更粗一些（见图 2.5）。我们将在本章的示例 3 中对"信号"做出更为详细的说明。

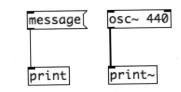

图 2.5 信息（左）与信号（右）连接线

2.2.3 编辑模式与运行模式

Pd 设计了两种基本的操作模式：编辑模式（Edit Mode）和运行模式（Run Mode）。你可以通过 Pd 菜单的"Edit（编辑）- Edit Mode（编辑模式）"（组合键 CMD/CTRL + E）在编辑模式与运行模式之间切换（见图 2.6）。

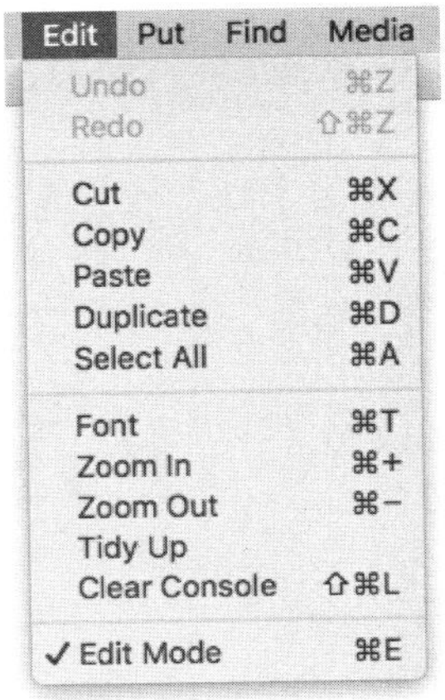

在编辑模式下，Pd 程序上的光标将变成一个手指图形，你可以在该模式下放置、拖移、删除一个对象，也可以设置对象的参数，或者将对象相互连接。在运行模式下，所有 Pd 对象的位置与连接都将被锁定，而信息框与 GUI 对象会进入可交互模式。Pd 是一个可以实时编辑的运行环境，无论在运行模式还是编辑模式下，系统的数据处理都不会暂停。

图 2.6 Pd "编辑"菜单的选项

浮点数

　　浮点（floating point）是一种实数数值的近似表示法。它采用一个有效数字乘以某个基数的整数次指数的形式来表示一个实数。例如，用浮点数来表示一个十进制实数 1.2345 就是 12345×10^{-4}。在大部分计算机系统中，带有小数部分的数使用浮点数来表示，每个浮点数所占用的存储空间通常是 32 位或 64 位。计算机的内存容量是有限的，使用浮点数来表示数值可以提高单位存储空间所能记录实数的范围，但也可能会降低数值的精度。

　　Pd 通常使用 32 位浮点数来表示信号的幅值，因此音频信号其实是一组有效数字最多 6 位的小数（第七位会进行四舍五入）。对音频信号进行运算可能带来精度的丢失，比如"1 除以 3"的计算结果将只保留"0.333333"，不过这种现象不会造成明显的音质损失，而使用 64 位浮点数表示音频信号的 Pd double 版本可以实现更加精确的信号运算。

2.2.4　帮助文档

　　在程序窗口的空白区域点击鼠标右键，选择"help"，可以打开 Pd 的"help-intro"帮助窗口，该窗口列出了所有的 Pd 内建对象。大多数 Pd 内建对象拥有自己的说明文档，在一个对象上点击鼠标右键，选择弹出菜单的"help"，就可以打开该对象的说明文档。对象的说明文档通常包含可实时运行的程序示例，并使用注释框"comment box"标注了对象的参数定义与使用方法。

　　使用 Pd 菜单的"Help（帮助）- Browser（浏览器）"（组合键 CMD/CTRL+ B）也可以浏览 Pd 对象（包括一些外部库的对象）的说明文档。Browser（浏览器）中还包含一个由程序文件构成的教程，它介绍了使用 Pd 构建各种音频处理器与控制系统的典型方法。此外，通过 Pd 菜单的"Help（帮助）- HTML Manual（HTML 手册）"可以打开 Pd 的官方说明文档"Pd Documentation"，这是一个有关 Pd 基本操作的图文教程。

2.3　使用 Pd 开发程序

　　这一节我们使用 Pd 构建一些音频程序中的常用功能模块，并将它们组成一个模块化合成器，这个过程可以让我们了解 Pd 的基本操作，以及主要功能对象的使用方法。

2.3.1　示例 1 "hello world"

　　让程序输出"hello world"是编程课的经典入门示例，这里，我们同样使用它开始 Pd 基本操作的介绍。

　　1. 使用 Pd 菜单的"File（文件）-New（新键）"新建一个程序（组合键

CMD/CTRL +N），Pd 将弹出一个新的程序窗口。进入编辑模式（edit mode）（组合键 CMD/CTRL+E），在程序窗口中放置一个对象框（object box）（组合键 CMD/CTRL+1）。在虚线显示的对象框中键入"print"，之后在程序窗口中的空白区域点击鼠标以退出对象框的编辑，此时对象框的边框会变为实线，这表示一个【print】对象已被成功创建。

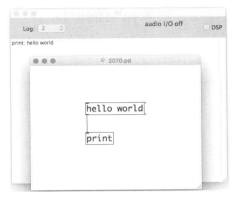

2. 继续使用编辑模式，在程序窗口中放置一个信息框（message box）（组合键 CMD/CTRL+2），在信息框中键入"hello world"，之后退出信息框的编辑。

图 2.7　第一个程序"hello world"

3. 在编辑模式下，将鼠标放置在信息框【hello world】左下的输出口（outlet）（信息框左下的小方块）上，当鼠标指针变为"圆环"时，按住鼠标左键拖拽出连接线并移动鼠标到对象【print】左上的输入口上，当鼠标指针变为"圆环"时释放左键，这样便建立了信息框【hello world】到对象【print】之间的连接（本书中，我们使用符号"【】"代表由对象框或信息框创建的对象）。

4. 进入运行模式（组合键 CMD/CTRL + E），使用鼠标点击信息框【hello world】，这会命令其发送信息"hello world"给【print】，而【print】会把这条信息"打印"在 Pd 主窗口的系统信息显示区域（console）。

至此，我们使用信息框和对象【print】构建了一个简单的数据处理系统。这里，信息框可以存储并发送信息"hello world"，而对象【print】负责实现"把信息显示在 Pd 主窗口"的功能。

对象的连接与编辑操作

如果希望调整对象框的内容与连接，可以使用以下操作：

在编辑模式下，左键点击一个已放置的对象框或信息框，被点击的对象框或信息框会出现输入光标。这时，你可以重新键入一个对象名称以调用不同功能的对象，或者修改信息框中的信息。此外，左键点击连线（出现叉号图标）将选中一条连线，这时可以用键盘的删除键（delete）删除被选中的连线。

在编辑模式下，如果在程序窗口的空白区域按下鼠标左键并进行拖拽，可以同时选择多个框（box）。被选中的框将以蓝色显示，这时，你可以使用鼠标或键盘方向键整体移动被选中的框，也可以使用 cut（剪切组合键 CMD+X）、paste（粘贴组合键 CMD+V）、duplicate（复制组合键 CMD+D）对选定对象进行批量操作，或者使用删除键（delete）删除所有被选中的对象。当一个对象被删除时，该对象与其他对象之间的连线将被自动删除。

下面基于"示例 1"对 Pd 中的一些概念进行说明：

2.3.2 对象框与信息框

Pd 通过对象框来调用一个对象。对象框所含输入口（inlet）与输出口（outlet）的数目由被调用对象决定。通常，对象通过输入口来接收数据，对数据处理后，再由输出口将处理结果发送给其他对象。

将一个对象框或信息框的输出口与另一个框的输入口相连，就建立了两者之间的数据传输通道。如果希望多个对象从同一个对象获取数据，也可以将一个对象的输出口连接到多个不同对象的输入口，类似的也可以将不同对象的输出口连接至同一个输入口。不过，Pd 不允许输入口与输入口（或输出口与输出口）之间相互连接。

信息框（message box）的作用是存储或发送信息，它具有交互性，被点击的信息框将会立即发送所存信息。在示例 1 中，信息框预先存储了文本信息"hello world"，该信息在鼠标点击下被发送给【print】并引发其执行"打印"功能。

信息框可以存储多条信息，每条信息之间需要用逗号","隔开。在示例 1 中，如果将信息块内的信息改为"hello，world！"，点击信息框后，你将在 Pd 主窗口看到先后输出的两条信息"hello"和"world！"。这里，两条信息被先后发送给【print】，而【print】执行了两次输出功能。

信息框中的信息默认通过自己的输出口发送，不过，当你以分号"；"结束一条信息时，分号之后的信息将被发送至一个特定的接收目标。在图 2.9 中，分号后的信息"name 101"并不会从信息框的输出口发送。事实上，信息"101"将被发送到一个名称为"name"的接收对象。我们将在后面的内容中介绍这种"无连线"的信息发送方式。

图 2.8 对象的连接　　　　图 2.9 使用"分号"向特定对象发送信息

2.3.3 信息的类型与格式

Pd 中的信息（message）可以分为数值信息、字符信息、列表信息、文本信息等。为了便于处理，Pd 要求信息使用特定的格式来表明它的类型。

Pd 信息使用"选择符（selector）"加"参数（argument）"的格式。"选择符"

是 Pd 中表示信息类型的特殊字符组合，比如"float(数值)"、"symbol (字符)"、"list (列表)"。参数是一系列表示信息实际内容的数值或字符。一条 Pd 信息只在开头部分使用一个选择符，选择符后面可以跟随一个或多个参数。通常，Pd 对象会根据一条信息的"选择符"来判断信息的类型，并决定如何处理这条信息。

下面对 Pd 中常用的信息类型作出简要说明。

数值信息

以"float"作为选择符的数值信息是 Pd 中最常用的一类信息。Pd 使用 32 位浮点数，它的可用数值范围非常大（ $-3.4 \times 10^{38} \sim 3.4 \times 10^{38}$ ）。数值信息主要用来设置对象的参数，或表示来自外部传感器或控制器的数据，你可以使用【 + 】、【 - 】、【 * 】、【 \ 】、【 && 】、【 || 】等四则和逻辑运算对象对数值信息进行处理。

在 Pd 中输入数值信息时可以省略选择符。如图 2.10 所示的信息框【2】中没有看到选择符"float"的使用，而使用【float 2】的效果是一样的。

字符信息

以"symbol"作为选择符的信息将被 Pd 看作一条字符信息，它可以用一个字符串作为信息的参数。字符串由计算机键盘上的"字符"组成，这些字符与 ASCII 代码相对应（见附录 B ASCII 编码表）。当 Pd 与一些外部设备通信时，设备之间可能相互发送由数值表示的 ASCII 代码，而这些代码可以转换为字符信息进行显示。需要注意的是，Pd 的字符串中不能包含"空格"以及"逗号""分号"等代表特定功能的字符。

构建字符信息时，必须在前面加入选择符"symbol"。如图 2.11 所示，只有"symbol one"可以被一个 GUI 字符对象接收并显示。需要注意的是，字符中也包含有数字字符"0 ～ 9"，因此，"float 2"与"symbol 2"是不同的，前者代表一条数值为 2 的数值信息，它可以被运算，但无法被当作字符信息显示；后者代表一条信息参数为字符"2"的字符信息，你不能对它进行算数与逻辑运算。

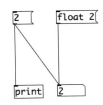

图 2.10　数值信息的格式

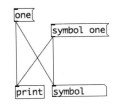

图 2.11　字符信息的格式

文本信息

不包含选择符的信息将被 Pd 作为普通的文本信息处理。文本信息通常用来表示一个控制命令、参数名称或是文件地址，比如 "open"（打开），"stop"（停止），"set"（设置），或是 "./soundfiles/bass.wav"。

"bang" 信息

在 Pd 中，"bang"（区分大小写）是一条具有特殊意义的信息，你可以把它理解为 "执行" 或者 "开始"。对大多数 Pd 对象而言，"bang" 是一个产生 "事件" 的触发信息，收到 "bang" 的对象会立刻执行一次数据处理。

"bang" 信息可以由 GUI 按钮对象发出，也可以使用对象【bang】产生。由于 "bang" 信息可以引发一次要求对象执行功能的 "事件"（event），因此，点击一个信息框、GUI 按钮对象或是 GUI 开关对象的动作也可以理解为向对象发送了一条 "bang" 信息。

列表信息

列表信息是由 "list" 作为选择符的多参数信息。列表信息的参数与参数之间用空格隔开，每一个参数都是一个 "数值" 或 "字符串"，比如列表信息 "list note 60"。当一条列表信息的首个参数是数值（float）时，可以省略信息的选择符 "list"，比如列表信息 "list 60 100 1"，也可以写为 "60 100 1"。

2.3.4 对象的运行方式

Pd 通过 "对象" 来实现功能。根据对象的运行方式，可以将对象分为 "控制类对象"（control objects）和 "信号处理类对象"【又称 "波浪号对象"（tilde objects）】。

大部分控制类对象仅处理信息类的数据，并且需要在 "事件"（event）的驱动下执行数据处理。在示例 1 中，当信息框与【print】之间建立连接时，【print】并不会开始打印，而是等待一个 "事件（event）"。鼠标点击信息框的操作可以引发一次事件，这一事件让信息框【hello world】发送信息给对象【print】，并触发【print】执行一次打印。如果要不断地打印信息，则需要重复点击信息框以产生多次事件，Pd 把这种系统运行方式称为 "事件驱动处理"（event driven processing）。

另一方面，Pd 的信号处理类对象主要处理表示音频数据的信号，这类对象通常在 Pd 信号处理系统（又称 DSP）的控制下持续执行数据处理。我们将在 "波浪号对象" 一节中详细介绍这类对象。

2.3.5　图形化用户接口对象

GUI（图形化用户接口）对象是 Pd 中具有交互功能的一类特殊对象，比如按钮对象"Bang"、开关对象"Toggle"，以及可用于实时键入与显示信息的数字框与字符框。GUI 对象可以通过 Pd 菜单的"Put"创建，也可以通过对象框以名称方式创建。例如，在对象框中输入"bng""tgl""cnv"等名称，就可以创建一个按钮、开关或画布对象。

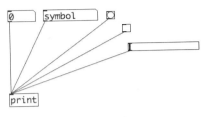

图 2.12　常用的 GUI 对象

GUI 对象只有在运行模式下才能实现交互操作。将示例 1 中的信息框替换为数字框、字符框等 GUI 对象（见图 2.12），进入运行模式并点击一个 GUI 对象，通过键盘输入或鼠标拖拽等方式就可以改变 GUI 对象的内容。

大部分 GUI 对象具有可设置的属性，它们用于调整内容的显示方式。用鼠标右键点击一个 GUI 对象，可以在弹出菜单的"Properties"对它的属性进行设置。你可以通过 GUI 对象的帮助文档了解各个属性的作用。

常用的 GUI 对象

数字框（Number）：数字框用来输入或显示一个数值信息，在运行模式下，你可以直接通过键盘向该对象输入一个数值信息，或者通过鼠标的点击拖拽操作来增加或减少数值（显示输入口收到的数值）。此外，数字框还会实时显示输入口收到的数值。

字符框（Symbol）：字符框用来输入或显示一条字符信息，在运行模式下，你可以通过键盘直接向该对象键入一串字符信息。此外，字符框还会实时显示输入口收到的字符信息。

按钮（Bang）：按钮的主要功能是发出一条代表"执行"命令的"bang"信息。当按钮被点击时，它会闪烁一次，并发送一条"bang"信息。另一方面，当按钮收到一条信息时，也会闪烁一次。

开关（Toggle）：开关的主要功能是显示或发送表示开关命令（1 和 0）的信息。当开关被点击时，它会在"开 / 关"两种显示状态间切换，并发出相应的"1"或"0"信息。此外，当开关收到一个非 0 的数值信息（代表开）或数值信息 0（代表关）时，也会切换自己的显示状态。

画布（Canvas）：画布是一个带有颜色的矩形。对画布发送命令可以实时改变它的位置、大小、颜色、以及文字标签等。画布常用于为图形化的程序提供底色，也可以用它产生一些简单的动画效果。

除上述对象外，Pd 还设计了 Vslider，Hslider、Vradio、Hradio、VUmeter 等 GUI 对象。你可以通过帮助文档了解这些对象的使用方法。

2.3.6　注释框

使用 Put 菜单（或 CMD/CTRL+5）可以在程序上放置一个注释框，它可以存储并显示一些说明信息。

2.3.7　示例 2 运算器

　　开发程序时，加减乘除这类基本运算总是不可避免的。这里我们通过构建加法运算器来讲解 Pd 的执行规则。

　　1. 新建一个程序，进入编辑模式并放置一个 GUI 数字框（CMD/CTRL + 3）和一个【print】，之后将数字框的输出口与【print】的输入口相互连接。

　　2. 在数字框的输入口使用【+】与信息框构成如图 2.13 所示的连接。

　　3. 使用 Pd 菜单的 "edit（编辑）-clear console（清除控制台）"（SHIFT+CMD/CTRL+L）清除 Pd 窗口中的打印信息。以便我们清楚地查看下面操作的输出结果。

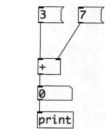

图 2.13　加法运算器

　　4. 点击信息框【3】，数字框将显示 "3"，Pd 主窗口的打印信息也为 "3"。这是因为对象【+】的默认加数为 0，所以点击 "3" 时，Pd 进行的计算是 "3+0"。

　　5. 点击信息框【7】，这一次数字框并没有变化，主窗口中也没有信息输出。这是因为信息 "7" 被发送至【+】右侧的输入口，【+】的这个输入口收到信息时并不会触发自身功能的执行，但它可以把【+】的加数更新为 7。

　　6. 再次点击信息框【3】，这一次数字框将显示 "10"，【print】也会打印 "10"。

　　在示例 2 中，我们使用 Pd 的【+】完成了 "3+7" 的加法计算。类似的，你也可以通过【-】、【*】、【\】、【mod】、【pow】、【sqrt】等对象实现减、乘、除、求余数、乘方、开方等算术运算。此外，Pd 中也包含【>】,【<】,【&&】,【‖】等逻辑运算对象，你可以通过 Pd 的 help-intro 帮助窗口（在任意 Pd 程序窗口的空白区域点击鼠标右键并选择 "help"）浏览这些内建对象。

　　下面来说明示例 2 中涉及的新概念。

2.3.8　冷端与热端

　　Pd 对象可以拥有多个输入口，但并不是每个输入口在收到信息时都会引发对象进行一次数据处理。我们称可以引发对象执行处理的输入口为热端（hot inlet），而不引发数据处理的输入口为冷端（cold inlet）。大部分 Pd 对象的热端是其最左侧的输入口。在示例 2 中，数值 "7" 被发送至【+】的冷端，因此不会引发【+】进行运算，而发送至【+】热端的数值 "3" 则能引发其输出 "3+0" "3+7" 的计算结果。

2.3.9 对象的参数

Pd 对象可以带有一个或多个与自身功能相关的参数（argument），我们可以通过对象的帮助文档来获取其参数的数目与定义。

当对象被创建时，其参数会使用一个预设值，比如【 + 】的预设加数是 0。在对象框中填入预设值可以改变对象的预设参数，填入的参数写在对象名称之后，并以空格相互隔开，比如【 + 5 】（加数被设为 5）或者【 metro ‖ 20 permin 】。

向对象的冷端发送信息能够实时改变它的一个甚至多个参数，而对象的每次处理将使用其最近一次收到的参数。Pd 的图形显示系统不支持实时更新对象的显示，这意味着对象框中显示的参数并不一定是执行处理时所用的参数。例如示例 2 中，对象【 + 】通过数值信息 7 改变了自己的加数，但对象框的显示依然是【 + 】，这也是我们无法通过图形显示得到程序准确执行结果的原因之一。

由于冷热端机制的存在，信息的发送次序十分重要。以示例 2 为例，如果信息 3 先于 7 被发送给【 + 】，我们就不能得到 "3+7" 的结果。避免这一问题的方法之一是使用列表信息。Pd 中的一些对象可以通过列表信息来改变自己的参数，通常，接到信息的对象使用列表信息中从第二位开始的参数信息顺次设置自己的参数，再将列表信息的首位参数作为输入自己热端的信息。如此一来，一条

图 2.14 使用列表信息设置参数

列表信息中的内容总能在一次执行中被处理，这就避免了冷热端问题。如图 2.14 所示，当列表信息【 5 3 】发送至【 - 】的热端时，【 - 】会立刻输出 "5-3" 的结果 2。

2.3.10 "从右向左"与"深度优先"

在 Pd 程序中，信息的发送次序经常会影响程序的处理结果，使用 Pd 开发程序时，我们需要注意 Pd 的 "从右向左"（right to left）与 "深度优先"（depth first）规则。

图 2.15 是一个信息发送次序不清的程序，点击按钮的信息 1、2、3 将会 "同时" 收到触发信息（类似于三个信息框同时被鼠标按下），而我们无法从图形上判断出 1、2、3 三条信息的发送顺序，因此可能的计算结果包括

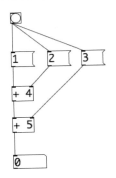

图 2.15 "次序不清" 的结构

"1+2+3""1+4+3""1+4+5"。事实上,三条信息的执行顺序取决于它们与按钮对象之间连线的创建顺序,所以每次点击按钮的执行结果是一样的。尽管如此,不能从图形上确定执行次序就会影响我们对程序执行结果的判断,我们应该避免这种结构的出现。

解决上述问题的常用方法是使用【trigger】对象。当我们需要严格控制信息的发送次序时,【trigger】的使用十分必要。

如图 2.16 所示,这里使用【trigger】控制了信息框的触发次序。【trigger】总是从自己最右侧的输出口开始依次向左输出其获取的信息,并通过参数指定每一个输出口的输出信息类型。如图 2.16 所示,【trigger】的三个参数均为"bang",因此,当【trigger bang bang bang】收到信息时,它的三个输出口将会从右向左依次发送"bang"信息给信息框【1】、【2】、【3】,这就明确了信息"1""2""3"的发送次序。点击按钮,每次的执行结果总是为 6(1+2+3),而你可以通过对象的连接关系来"预测"这一结果。

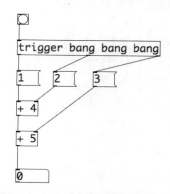

图 2.16　使用 trigger 控制发送次序

作为 Pd 中的常用对象,【trigger】可以简写为【t】,它的参数可以是 bang(简写为 b)、float(简写为 f)、symbol(简写为 s)、list(简写为 l)或者 anything(任何类型,简写为 a)。当一个输出口的参数为 float 时,【trigger】只会从这个输出口发送自身收到的数值信息。图 2.17 所示是一个可通过数字框改变减数并实现减法运算的例子,每当顶部数字框中数值改变时,由于【trigger】右侧输出口的参数为 float,因此它会发送收到的数值(图中为 3),而左侧参数为"bang"的输出口会发送一个"bang"信息来触发下方的数字框发送"被减数"(图中为 5)。如此一来,【-】总是先由冷端接到改变"减数"的信息,再由热端接到"被减数"并执行数据处理。

对于纵向的连接结构,Pd 采用"深度优先"(depth first,又称纵向优先)的执行规则,这个概念可以通过图 2.18 所示的树状对象链进行解释。如图 2.18 所示,收到按钮所发"bang"信息的【trigger】对象根据"从右向左"的规则,依次触发以信息框【1】【2】【3】为首的三条对象链。又根据"深度优先"规则,只有一条对象链执行完毕时才执行另一条。因此,最右侧对象链的结果 5 将被最先打印,之后是 4,最后才是看似处理过程最简单的信息 3。

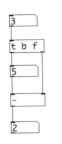

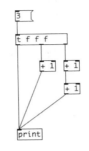

图 2.17 使用 trigger 设置【-】的减数   图 2.18 深度优先规则

2.3.11 示例 3 正弦信号发生器

现在，我们从最基本的正弦波开始，让 Pd 发出声音。这个例子也能帮助我们理解 Pd 音频信号处理系统的工作原理。

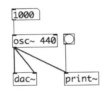

图 2.19 正弦信号发生器

1. 新建程序并放置一个对象【osc ～】，这会创建一个虚拟的余弦振荡器[2]。这里的预设参数 440 代表振荡频率为 440Hz。

2. 放置一个【dac ～】，并将【osc ～ 440】的输出口与【dac ～】的两个输入口分别相连。

3. 在 Pd 菜单的 Media（媒体）中将 Pd DSP（即 Pd 的音频信号处理系统）至于开启（On）状态（组合键 CMD/CTRL+/），如果音频输出设备设置正确，你应该能听到电脑发出 440Hz 的纯音（注意，这是一个很响的纯音，请将你音箱或操作系统的输出音量调整为较小的数值，如果你的系统无法调整音量，请参考图 2.19，在【osc ～ 440】与【dac ～】之间插入一个【* ～ 0.05】）。

4. 在【osc ～ 440】的输入口连接一个数字框。进入运行模式，改变数字框的数值，纯音的频率将跟随变化。

至此，我们通过一个余弦振荡器【osc ～】和一个信号转换器【dac ～】产生并还放了一个正弦波。这里，【dac ～】的两个输入口分别对应着音频接口（声卡）的两个输出通道。为【dac ～】设置参数可以调用更多的输出通道，比

---

2 【osc ～】所产生信号的初始相位对应着信号的最大幅值，因此它是一个余弦信号。你可以通过参数改变【osc ～】的相位，当然如果不进行信号合成，它在听感上和正弦信号并没有区别。

如【dac～1 2 3 4】。当然，通道的编号需要和 Pd 音频系统设定界面中输出设备（output devices）的设定相符。

为了更好地分析 Pd 音频系统的工作原理，这里再放置两个对象。

5．放置一个按钮和一个【print～】，并将【osc～440】以及按钮的输出口分别与【print～】的输入口相连。

6．点击按钮，如果 DSP 在开启状态，你应该能在 Pd 主窗口中看到一组浮点数，它们就是由【osc～440】输出的音频信号。不断点击按钮，你会看到一组一组不同的数字被打印出来[3]。

下面介绍与 Pd 音频系统相关的一些概念，这也将解释示例 3 主窗口中所打印数字的含义。

2.3.12　"波浪号对象"

Pd 中具有产生或者处理音频信号功能的对象使用一个波浪号"～"作为其名称的结尾字符，它们因此被称为"波浪号对象"（tilde objects）。示例 3 中的【osc～】与【dac～】就是两个"波浪号对象"，它们之间传输的数据为音频信号。

Pd 中的音频信号使用浮点数来表示，每个浮点数都代表一个数字音频样点的幅值。从数据结构上看，这些音频信号由一系列数据包组成，每一个数据包都含有数量相同的 32 位浮点数。根据 Pd 的规定，音频数据包中的浮点数取值应该在 -1～1 之间，大于 1 或小于 -1 的浮点数将由于不能被正确信号化而导致"削波"（clip）现象。因此，我们需要在音频信号被【dac～】输出之前，将信号的幅值控制在 -1 到 1 之间。

"波浪号对象"的数据处理与 Pd 音频信号处理系统（DSP）的设置相关。当 DSP 开启时，如果 Pd 音频系统的采样率（sample rate）为 44100，数据块长度（block size）为 64，则程序中的所有"波浪号对象"都会以每 1.45ms（1 秒/44100×64）一次的频率处理音频数据包，而每个音频数据包都包含 64 个浮点数。以示例 3 为例，如果采用默认的 44100 采样率与 64 数据块长度，当 DSP 开启后，【osc～440】的输出口每 1.45ms 输出一个包含 64 个样点的音频数据包，这个数据包将被发送给【dac～】进行处理，并最终送至音频接口产生音频信号。只要 Pd 的 DSP 处于开启（on）状态，这些"波浪号对象"的数据处理就会持续进行，直至 DSP 被设置为关闭（off）状态。

在一个 Pd 程序中，所有的"波浪号对象"都以相同的频率进行音频数据包

3　这里的【print～】与输出普通信息的【print】不同，【print～】在 Pd 主窗口打印的信息代表音频信号，但它要收到一条"bang"信息才会执行一次打印。

的处理工作（子程序中的"波浪号对象"可以设定不同的数据处理频率），当然，不同对象的功能不同。比如，【osc～】负责产生音频数据包；【dac～】将数据包送至音频接口；而【print～】在收到"bang"时会在 Pd 主窗口打印出最近一次接收到的音频数据包（见图 2.20）。

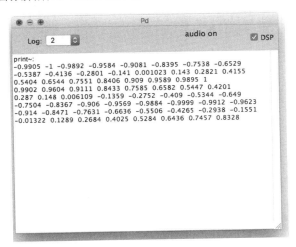

图 2.20 【print～】打印出的 64 个数值代表了一个正弦波信号中 64 个连续数字样点的幅值。

　　Pd 仅允许信号输出口与信号输入口之间连接。不过，一个 Pd 对象的输入口可能同时支持信息与信号的输入。以【print～】为例，它的输入口既用于接收音频信号，又用于接收命令信息。

数据缓存与处理延迟的设置

　　与大部分数字音频系统一样，Pd 的音频系统采用数据缓冲机制，程序实时产生的音频数据包并不会立即送入音频接口，而是按次序存储在计算机内存中，等待音频接口驱动程序的主动读取。这种设计可以保证音频接口以稳定的频率获取音频数据并执行数字 - 模拟转换等处理。

　　由 Pd 产生的音频数据在被音频接口读取前存在一定的延迟等待时间（Pd 0.47 在 MacOS X 系统下的默认延迟为 5ms）。当计算机无法在规定的时间内（比如 1.45ms）响应 Pd 的运算请求时，延迟机制让系统有机会在接下来的时间里完成这个任务。从这个角度讲，Pd 无需保证每 1.45ms 完成一个数据包的处理，而只要在 5ms 内完成规定数量的数据包即可。如果 Pd 不能在延迟时间内完成数据包的处理，播放的声音就可能因为"数据丢失"而夹杂有"噼啪声"。提高延迟值可以解决这一问题，但较高的延迟也意味着不能及时听到 Pd 的处理结果，这可能会影响你对信号的实时监听与处理。

2.3.13　音量控制

　　在示例 2 中，我们构建了处理数值信息的运算器。如果对音频信号进行运算，就可以实现音量的控制。

　　音量是一个广义的概念，它可以代表一个设备发出声音的强弱。对示例 3 这样的"纯音发生器"来说，增大或减小它的音量也就是改变正弦信号的幅值。与计算机中的其他应用软件相比，示例 3 的纯音显得非常响，这是因为【osc～】所产生的信号数值在"–1～1"之间，而这是 Pd 系统能够正确输出的最大信号值。当我们希望减小示例 3 的音量时，可以在【osc～】与【dac～】之间加入一个【*～】，并为它设置一个"0～1"之间的参数（乘数）。以【*～ 0.1】为例，它会对输出至【dac～】的每个信号数值进行乘以 0.1 的运算，输出信号的幅值因此变为原来的 1/10，程序的音量自然就减小了。

　　我们可以用数字框或 GUI 滑块来实时改变【*～】的参数（见图 2.21），为了防止因误操作而设置出的较大乘数。你可以通过数字框或者滑块的属性来限定它被拖动时的取值范围，也可以通过【clip】对象来限制发送至【*～】冷端的数值。

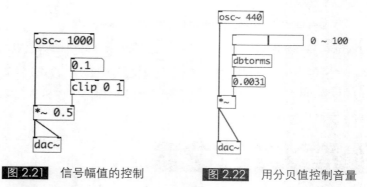

图 2.21　信号幅值的控制　　　　图 2.22　用分贝值控制音量

　　改变【*～】的参数时（按下 shift 键并配合鼠标在数字框上的拖动可以缓慢地增大或减小数字框内的数值），你会发现纯音的音量变化并不是线性的，这是因为声音响度与信号幅值之间不是简单的线性关系。为了获得更加自然的音量控制，这里使用对象【dbtorms】把一个分贝值换算为一个 0～1 之间的幅值（见附录 3）。Pd 中的 100dB 对应幅值 1，因此，我们通常为【dbtorms】输入一个小于 100 的数值。现在，控制分贝值从 100 下降到 60，这次信号幅值将按对数曲线快速缩减，纯音的响度下降也会更加自然。

　　当我们快速增大或减小信号发生器的音量时，可能会听到一些高频杂音，这是因为音量的快速变化造成了不平滑的信号曲线。我们可以使用【line～】来解决这个问题，它可以让音量数值的增大或减小带有一个线性变化过程。【line～】的使用方法将在"示例 6 包络发生器"中详细介绍。

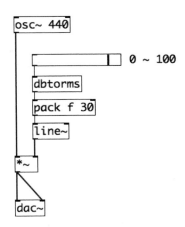

图 2.23 使用【line ~】进行音量控制

2.3.14 示例 4 节拍器

节拍器是音序系统中的常用模块，它的主要功能是以可设定的时间间隔发出节拍信息。Pd vanilla 提供了一个基本的节拍器对象【metro】，不过它的功能十分简单。在本例中，我们将为【metro】加入一个计数系统，使它具有显示小节与拍子序号的功能。

新建程序并放置一个【metro】，填入预设参数 500（代表 500ms）。为【metro】的输入与输出口分别连接一个开关和一个按钮。点击开关（设置为开），【metro】开始以 500ms 为间隔持续发出"bang"信息，按钮对象也会因此闪烁。再次点击开关（设置为关），【metro】就会停止输出信息。

如上所述，【metro】的用法十分简单，收到信息"1"或"bang"就会以参数所设间隔持续发送信息，收到"0"或"stop"就会停止。我们也可以用拍速来设置【metro】，这时需要输入 3 个参数：拍次、拍速、单位。比如【metro 1 120 permin】代表每分钟 120 拍，每 1 拍输出一次"bang"信息。

接下来，我们希望节拍器能够显示拍子的序号，比如一个 4/4 拍的节拍器，我们希望它以"1、2、3、4、1、2、3、4、1、2、3、4……"这样的规则循环显示数字 1 ~ 4。这时我们需要构建一个计数系统，并用它统计【metro】发送信息的次数。PD vanilla 并没有内置一个用于计数的对象，不过我们可以用对象【+】实现这个功能。

将【+】的输出结果送回输入口进行累加，你可能会想到这样的处理方式，但 Pd 不允许一个对象的输出口与自己的输入口相连，因此我们使用图 2.24 的连接方式：

这里介绍一下对象【float】的功能。【float】用于存储一个数值，通过热端向【float】输入数值信息，【float】会存储并立刻输出这个数，而通过其冷端输入数值时,【float】只会存储这个数,但不会输出,直到它的热端收到 "bang" 时,才会输出自己存储的数。作为一个常用对象,【float】可以简写 为【f】。Pd 中还设计有【symbol】、【list】和【pointer】等用于存储其他类型 信息的对象,它们的用法与【float】类似,你可以通过这些对象的帮助文档 获取其详细的使用方法。

在图 2.25 中,我们没有为【float】输入预设参数,因此它被创建时默认存 储着数值 0。第一次点击信息框 bang 时,【float】将输出存储的 "0",并通过 对象【+1】得到运算结果 "1",同时,结果 "1" 也会发送回【float】的冷端, 这样【float】的存储值就变成了 "1"。再次点击【bang】,【float】将输出 "1", 而【+1】的运算结果 "2" 被输出并存入【float】中,如此一来,每次点击都会 让数字框的数值增加 1,从而实现了一个计数系统。

图 2.24 【metro】的作用   图 2.25 计数器

调整【+】的参数,就可以控制计数器的增减值,比如每次点击增加 10(【+ 10】)。如果希望输出值逐渐减小,可以将参数改为【+ -1】。

实现计数系统后,我们来处理拍子的显示问题。如果希望序号每 4 拍重置 一次,最直接的方法是使用对象【mod】。【mod】可以实现取模运算(又称 "取 余数" 运算),在图 2.26 中,【mod】以参数 4 为除数对【float】的输出数值执 行除法并输出其余数,当【float】的输出数值不断增大时,【mod 4】的输出数 值只会在 "0" "1" "2" "3" 之间循环变化。为【mod】的输出值加 1,就能获 得 "1" "2" "3" "4" 的循环输出。

我们使用【metro】代替信息框【bang】给出触发信号。开启【metro】,左 侧的数字框就会模拟拍序号在 "1、2、3、4" 之间变化,而右侧的数字框可以 统计经过的拍数。

通过【metro】、【+】、【float】、【mod】等对象的组合使用,我们构建了一 个节拍器。改变【metro】的参数可以调整节拍器的拍速,而将【mod】的参数 设为 3 或 4 可以让拍序号在 "1 ~ 3" 或是 "1 ~ 4" 之间循环。如果需要重置 节拍器的计数,可以向【float】冷端发送 "0"。

最后,我们为节拍器加入提示音,这使用示例 3 的正弦信号发生器就可以 很实现。这里使用【delay】对象来控制信号的音量,因此音频信号的每一次 "开启"只会持续 50ms。

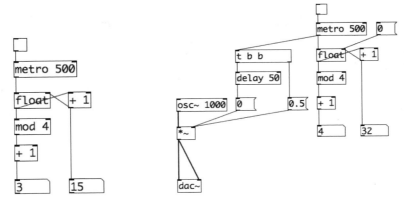

图 2.26 使用【mod】实现序号循环   图 2.27 带有音效的节拍器

对象的循环触发问题：

在示例 4 中如果不小心将【+1】的输出口与【float】的热端相连（见图 2.28 左），点击按钮，你将不能得到一个正确的输出结果，同时，Pd 主窗口将会显示一条红色的错误警告 "stack overflow"（栈溢出）。出现这一现象的原因如下：【+1】的输出信息通过热端引发了【float】的输出，而【float】的输出又会引起【+1】的输出，两个对象构成了一个相互触发的循环，数据运算因此无法终止。

通常，我们应该避免程序中出现这样的触发循环。不过，如果两个对象的相互触发带有一定的时间间隔，则是 Pd 允许的操作。图 2.28（右）中，【delay】与一个按钮通过热端相互连接。按下按钮，其输出的 "bang" 信息将立刻触发 delay 的执行，但 delay 的执行规则是等待 1000ms 后输出一条 bang 信息。因此，【delay】每秒都会被自己发出的信息再次触发，你将会看到按钮每一秒闪烁一次。

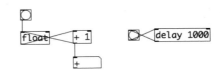

图 2.28 "非法"与"合法"的触发循环

2.3.15 示例 5 音序器

示例 3 的发生器只能发出一个单调的纯音。现在，我们来制作一个音序器，让纯音形成一段旋律。在这个示例中，我们将介绍 Pd 数组（array）的概念，并用它来存储一个表示旋律的数字序列。

【osc～】使用频率值（frequency）来设置纯音音高（pitch），但在描述一段旋律时，我们习惯使用记谱法中的音高值。Pd 的【mtof】对象可以实现 MIDI 音高值到频率值的转换，如图 2.29 所示，如果你在 0～127 之间调整数字框的值，就能听到纯音的音高像钢琴那样以半音为单位变化（如果数字框中的数为整数）。这里，【mtof】的输入与输出分别是音高值与频率值，它们的对应关系来自音频行业的 MIDI 规范（见附录 1），我们将在第六章中对 MIDI 作出详细的介绍。

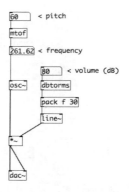

图 2.29　使用音高控制振荡器频率

现在，我们需要把一组表示旋律的数值顺次存储越来，这可以使用 Pd 数组实现。

2.3.16　数值数组

Pd 数组是位于计算机内存中的一段存储空间，这段空间由一系列带有索引值（index）的存储单元［又称为 element（元素）］组成，我们可以通过索引值来访问或修改每个单元中的数据。

Pd 数组主要用来存储浮点数（float），因此又被称为数值数组（Numeric Array）。在 32 位 Pd 版本中，数值数组的每个存储单元仅可以存储一个 32 位浮点数。在某些 Pd 版本中，Pd 数组也支持存储一些自定义的数据结构，不过如无特殊说明，本书所讨论的"数组"全部为"数值数组"。

你可以使用 Pd 菜单的"Put（放置）– Array（数组）"或者对象【table】、对象【array】来创建一个数组[4]。新创建的数组需要设置名称和空间长度，对于数值数组而言，如果设置其空间长度为 10，则它可以存储 10 个浮点数，占用空间为 40 字节（10×32bit/8），空间的索引值为"0 ～ 9"。

在 Pd 中，数组主要用来存储一段控制数据或是音频样本。下面的示例 5 介绍了使用数组存储音符序列的方法。

4　通过 Pd 菜单的"Put（放置）-Array（数组）"创建的是一个带有图形界面的数值数组对象（graphical array），它可以归为 GUI 对象。

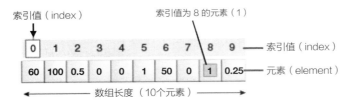

图 2.30 数值数组的结构

1. 如图 2.31 所示，使用【metro】、【float】、【+】构建一个类似示例 4 的节拍器，并使用【mod 8】让输出数字在"0 ~ 7"之间循环。

图 2.31 使用数组构建音序器

2. 点击 Pd 菜单的"Put（放置）- Array（数组）"，Pd 会弹出一个数组的属性设置窗口。将窗口中 Name（名称）一项改为"pitch"，Size（空间长度）一项改为"8"。点击 OK，一个名称为"pitch"的数组就被创建并显示在当前程序上。

3. 放置一个对象【tabread】，并填入预设参数 pitch。将【tabread pitch】的输入口与【mod】的输出口相连，并插入一个 GUI 数字框，以便于查看当前的序号。

4. 放置一个【print】以用来查看【tabread】的输出信息。

这里的对象【tabread】可以读取数组中存储的数值，它的参数"pitch"决定了它的读取目标，它的输入口用来接收表示数组索引值的信息。本例中，当【tabread pitch】收到信息"0"时，就会输出数组 pitch 中第一个存储单元的数据（数组的索引值从 0 开始，因此第一个存储单元的索引值为 0）。启动计数器后，【mod 8】的输出数值会在"0 ~ 7"之间变化，【tabread pitch】也会循环输出 8 个存储单元的数据。通过【print】，数组中的数值将被打印在 Pd 主窗口中，由于 pitch 是一个新创建的数组，所以每个存储单元中的数值都为默认的 0。

下面使用数组的属性窗口来修改数组中存储的数值。

5．在程序的数组窗口（左上角标有"pitch"的方框）上点击鼠标右键，选择"属性"（properties），这会打开 array 的属性设置窗口。点击窗口中的"OpenList View"，并在弹出窗口中将"0）"、"1）"等索引值的对应数值依次改为"60、62、64、65、67、69、71、72"。点击 OK 退出，我们就完成了数组内容的修改。启动【metro】，再次观察 Pd 主窗口，打印内容开始变为我们输入的数字序列，数组 pitch 中存储的数字被顺次输出了。

为了听到这个序列，我们构建一个类似示例 3 的正弦信号发生器，并使用【mtof】获得频率值。将 Pd 的 DSP 置于开启状态，你就能听到一个循环播放的纯音音阶。

下面继续介绍一些与数组相关的操作。

2.3.17　数组的设置与操作

图形化数组的设置

Pd 以平面直角坐标的形式开窗显示一个数组的内容。就像你在示例 5 中看到的那样，对图形化的数组窗口而言，它的 x 轴对应存储单元的索引值，y 轴对应所存数值的大小（如图 2.32 所示）。

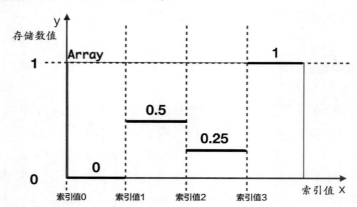

图 2.32　数组的图形显示

在 Pd 中，数组窗口的显示范围并不会根据所存数值的取值范围而自动做出调整。在示例 5 中，当我们将存储数值改为 60、62、64……72 时，由于数组窗口中 y 值的显示范围依然为默认的 1 ～ -1，因此，所存数值的大小变化并不能在数组窗口中正确显示。这时，我们可以打开数组的属性窗口（在数组窗口上点击

鼠标右键），找到 "Canvas Properties"（画布属性），并将 y 轴的显示范围修改为
"72 ～ 48"（这里代表数组窗口的上边框对应数值 72，下边框对应数值 48）。点击
OK 更新属性后，就能在数组窗口中看到以短线显示的音高数值（见图 2.33），而
我们可以根据每条短线的高度判断出所存数值的大小与变化趋势。

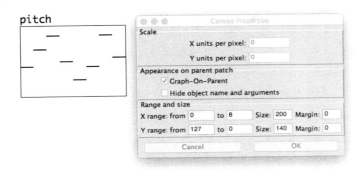

图 2.33 数组的图形化设置

　　除了 y 轴范围，你也可以通过 "Canvas Properties"（画布属性）窗口修改 x
轴的显示范围，或通过旁边的 Size（尺寸）选项改变这个数组窗口的显示尺寸。

　　用鼠标左键拖动数组窗口里表示数值的短线，可以实时更改数组单元的存储值。
如果数组属性中的 "save contents"（保持内容）选项被勾选，数组的存储内容将被记
录在 .pd 程序文件中，下次打开程序时，这个数组所存的数值会被自动加载。

基于文本文件读取与保存数组内容

　　Pd 数组中的内容可以读取自一个文本文件，或者保存在一个文本本件中。
这一功能可以借助信息对象来实现。如图 2.34 所示：

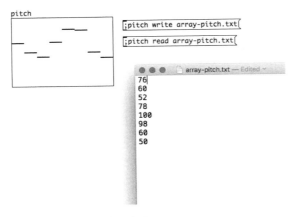

图 2.34 基于文本文件读取与保存数组内容

　　如图 2.34 所示的两个信息框中，因为分号（；）前没有内容，所以点击信息框并不会从其输出口输出任何信息。而分号后面的信息 "pitch write array-pitch.txt" 会被发送给名为 "pitch" 的目标对象，如果你的程序中存在一个名为 pitch 的数组，它的内容就会被写入文件 "array-pitch.txt"。这里文件 "array-pitch.txt" 应该与程序文件的（.pd 文件）在同一文件目录下，如果 "array-pitch.txt" 不存在，Pd 会自动创建它。类似的，发送信息 "pitch read array-pitch.txt" 可以将文本文件 array-pitch.txt 中的内容载入数组 pitch（这里要注意被读取文本文件的格式）。

　　作为一个标准的 MIDI 音序器，每一条音符信息应该同时包含音高（pitch）与强度（velocity）两个参数，并且"演奏一个音"的命令应该由"音符开启"（按下琴键）和"音符关闭"（释放琴键）两条信息组成。如图 2.35 所示的程序使用两个数组分别存储音符的音高（pitch）与强度（velocity），两个【tabread】分别读取两个数组，但使用同一个数值信息作为索引值，每当索引值变化时，两个【tabread】的输出数值共同构成了一条"音符开启"信息。Pd 的【makenote】对象可以为音符信息自动生成"音符关闭"信息，也就是强度为 0 的信息，你可以使用它最右侧的输入口设置产生音符关闭信息的延迟时间（单位为 ms），也就是一个音符的持续时间。MIDI 音符信息的格式将在第 5 章的 MIDI 部分中详细介绍。

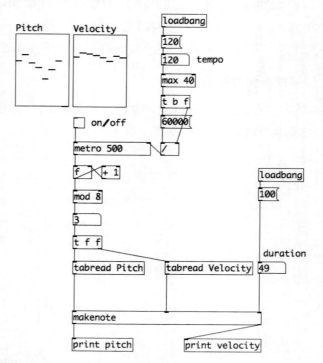

图 2.35 包含"音高"与"强度"的 MIDI 音序器

　　此外，Pd 数组还可以通过【 tabwrite ～ 】与【 tabread ～ 】等对象存储或显示一定时长的信号，这时数组的每个单元保存着一个代表音频样点的 32 位浮点数，我们将在"示例 6 包络发生器"中介绍这种使用方式。

2.3.18　示例 6 包络发生器

　　在声音合成器中，我们经常使用包络发生器来控制信号发生器的音量或频率，这种技术可以模拟真实乐器演奏时的声音变化。在示例 6 中，我们将构建一个 ADSR 包络发生器，并介绍【 line ～ 】对象和无线收发对象【 send 】【 receive 】的使用方法。

　　在构建包络发生器之前，我们先对"ADSR"的概念作简单介绍。

ADSR 包络

　　演奏真实乐器时，每个音的响度都是随时间变化的。比如弹奏钢琴时，声音会在按下琴键的瞬间快速达到最大响度，之后慢慢减弱，直至无法听到。使用声音合成器模拟上述现象时，我们可以让一个音频信号的音量跟随一个控制信号的振幅来变化。这时，我们把控制信号的振幅变化曲线（也就是信号波形的轮廓）称为"包络"（ envelope ）。

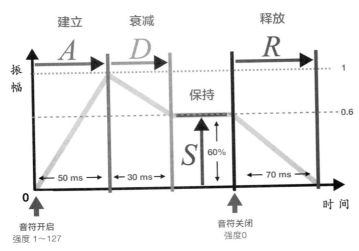

图 2.36　ADSR 包络

　　描述一个包络时，我们通常使用"建立"（ Attack ）、"衰减"（ Decay ）、"保持"（ Sustain ）、和"释放"（ Release ）四个参数，它们对应着信号振幅变化的四个时段。如图 2.35 所示的信号形成了一个 ADSR 包络。这里，"建立"（ Attack ）、"衰减"（ Decay ）和"释放"（ Release ）三个参数代表各自时段的持续时间，因此它们经常使用时间单位（比如 ms）来描述。而"保持"（Sustain）参数代表该段信号振幅与信号最大振幅之间的比值，因此经常以百分比表示。在上图中，"建立"（Attack）为 50ms，"衰减"（Decay）为 30ms，"释放"（Release）为 70ms，"保持"（Sustain）为 60%，因此，当收到"音符开启"的命令时，控制信号的振幅将从 0 开始，经过 50ms 达到最大值 1，再经过 30ms 衰减为最大值的 60%（0.6）。而当"音符关闭"时，信号将经过 70ms 的时间从当前值（0.6）衰减至 0。

在实际使用中，"保持段"（Sustain）的持续时间是由一组开关信息控制的，以 MIDI 控制为例，当收到"音符开启"的信息时，信号开始"建立"与"衰减"并进入"保持"段，之后如果没有收到"音符关闭"信息，则信号强度会一直保持最大值的 60%，直至收到"音符关闭"信息，才开始执行"释放"过程，让信号强度逐渐衰减至 0。

下面使用对象【line ～】与对象【delay】来实现图 2.36 的包络。

Pd 的【line ～】可以产生一个可控的线性变化信号。通常，发送给【line ～】的命令是由 2 个数值组成的列表信息，其中，第一个数值代表"目标值"，第二个数值代表"经历时间"，单位为毫秒。向【line ～】发送信息"1 1000"，【line ～】的输出值将从默认的 0 上升至目标值 1，而这个上升过程将历时 1000ms。当信号值上升到 1 时，如果对其发送信息"0 2000"，则输出值将从 1 下降到 0，变化历时 2000ms。需要注意的是，作为一个"波浪号对象"，【line ～】只有在 Pd 的 DSP 开启时才会工作，它的输出数值更新频率与音频系统的采样率一致。此外，【line ～】的变化是从其当前的输出数值开始的，如果【line ～】在收到信息"1 1000"之后 500ms，收到一条信息"0 100"，则输出信号会在（从 0 开始）增长到 0.5 时（第 500ms 时）开始趋于 0 的下降，而不会达到数值 1。

1. 新建程序并放置一个对象【line ～】，对其发送"1 50""0.6 30""0 70"三条列表信息，并通过【delay】控制信息的发送间隔。点击按钮，收到信息的【line ～】将输出振幅值从 0 到 1，再从 1 到 0.6，最后从 0.6 到 0 线性变化的信号，从而构建出包络的建立（Attack）、衰减（Decay）与释放（Release）部分。包络的建立、衰减与释放时间依次为 50 毫秒、30 毫秒与 70 毫秒。

2. 为了直观地看到【line ～】所产生的包络，我们放置一个名为 envelop 的数组，将其长度设为 11025。使用【tabwrite ～ envelop】可以把信号写入 Pd 数组 envelop 中，注意【tabwrite ～】需要收到一个"bang"信息才会开始写入工作。

3. 开启 Pd 的 DSP，点击按钮，数组窗口"envelop"中就会显示出由【line ～】

产生的包络。

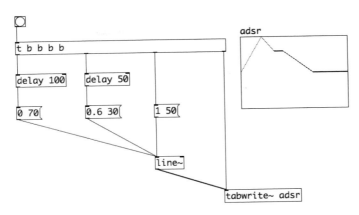

图 2.37 线性包络

　　Pd 中的音频信号是用一组浮点数表示的，因此数值数组与【tabwrite～】的组合可以用来显示信号的波形，实现类似示波器（oscilloscope）的功能。在示例 6 中，当【tabwrite～ envelop】收到一个触发信息时，它会立即将收到的信号（浮点数）顺次写入目标数组 "envelop" 的存储单元，直到数组被写满为止。示例 6 音频系统的采样率为 44100Hz，因此，长度为 11025 的数组 "envelop"可以写入 0.25 秒长的信号（也就是 11025 个浮点数）。由于这里的【line～】在0.25 秒内就能完成从 "建立" 到 "释放" 的全部过程，因此 "envelop" 可以显示完整的包络。

　　作为包络发生器，如果希望得到更为陡峭的包络线，可以让【line～】的输出信号进行自乘，以获取平方值。你也可以配合【dbtorms】来以 dB 为单位控制音频信号的音量。

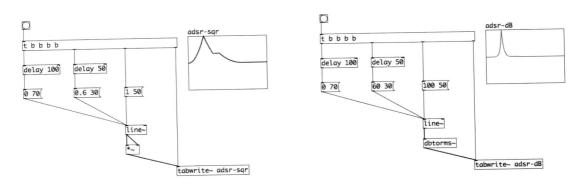

图 2.38 平方与对数包络

【line】与【line ～】

【line ～】是一个"波浪号对象",只要 Pd 的 DSP 处于开启状态,它就会以音频系统的采样率持续输出信号。对于示例 6 而言,未收到过任何信息的【line ～】将在 DSP 开启后持续输出数值为 0 的信号,对其发送信息"1 50",【line ～】会在 50ms 内将输出信号线性增长至 1,之后维持 1 的持续输出。另一方面,作为控制类对象的【line】则不同,它仅在收到信息时才输出数值,而当数值变化完成时(比如收到信息"1 50"的 50ms 之后),【line】就会停止输出。【line】的输出数值更新频率可以通过参数设置,详细内容请参阅其帮助文档。

上例中的 ADSR 参数通过信息框发送给【line ～】与【delay】,如果需要改变这些参数,必须重新编辑信息框,这种操作不仅繁琐而且不能在 Pd 的运行模式下实时进行。如图 2.39 所示,我们对包络发生器进行了改进,让它能实时设置 ADSR 四个参数。按下按钮"note on"(音符开启),【line ～】开始输出包络的"建立"和"衰减",并进入保持段直至按下按钮"note off"(音符关闭)才会开始"释放"。

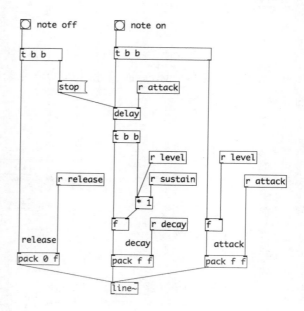

图 2.39　参数实时可调的包络发生器

为了让对象间的连接关系更为清晰，改进的包络发生器（见图 2.38）使用了"收发对象"【send】与【receive】来实现"一发一收"的无线连接。Pd 的【send】与【receive】对象可以简写为【s】与【r】，它们通过一个代表发送或接收目标的参数确立连接关系。在图 2.39 的程序中，发送至【s level】的任何信息都会被【r level】完整地收到，就像它们之间有连接线一样。【send】与【receive】也支持"多发多收"，如果在一个 Pd 程序或不同的 Pd 程序中放置多个【s level】与【r level】，它们都会相互连接，任何一个【s level】发出的信息都可以被所有的【r level】收到，这可以让你在多个打开的 Pd 程序之间实现数据的收发。此外，【send】与【receive】还可以配合 GUI 类对象的"收发符"来使用。图 2.40 中的数字框分别设置了发送符（Send symbol）"r1"和接收符（Receive symbol）"s1"，这时，发送至【send s1】的信息将被数字框收到并触发数字框的输出，而数字框的输出信息又会被【receive r1】收到。Pd 中的大部分 GUI 类对象都支持收发符，设置了收发符的对象将不再显示输入口与输出口。需要注意的是，代表收发目标的参数区分大小写，且不支持数字开头。

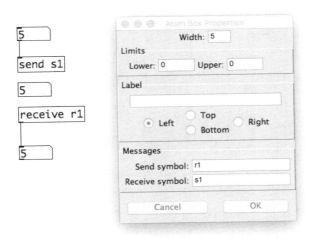

图 2.40 GUI 对象的"收发符"设置

图 2.38 的程序中还使用了【pack】对象，它可以把多个数值或字符信息组合成一个列表信息。你需要使用参数"f"（代表数值）、"s"（代表字符）或"p"（代表指针）来设定被组合信息的数量与类型。【pack】也支持使用数值作为参数，这个数值将与其他收到的信息相组合（如图 2.38 所示的【pack 0 f】）。与【pack】功能相反的对象是【unpack】，后者可以把一个列表信息中的参数分解成几个单独的数值或字符信息。需要注意的是，【pack】与【unpack】都区分冷热端。图 2.38 中的【r attack】、【r sustain】与【r release】都连接于【pack】冷端，因此当你通过数字框实时改变 ADSR 参数时，【line ~】并不会收到命令。

信号收发对象

【send】与【receive】的组合可以"无线"传输信息，而【send ～】与【receive ～】的组合，以及【throw ～】与【catch ～】的组合可以构建传输信号的"无线连接"。这里【send ～】与【receive ～】可以建立"多发一收"的连接，即程序中可以同时存在多个【receive ～ x】，但同样参数的【send ～ x】只能有一个，这一功能可以实现音频系统中"发送总线"的概念，让你把一个音频信号发送给不同的效果器进行处理。而【throw ～】与【catch ～】的组合正好相反，程序中可以同时存在多个【throw ～ x】，但【catch ～ x】却只能有一个，因此，【catch ～】经常作为信号"混合总线"的输入口对象，你可以用它将多个信号混合（mix）在一起。

现在，我们为示例 5 的音序器加入振幅包络，这可以让每个音都带有一个自然的"建立、衰减与释放"过程。为了让系统的功能结构更为清晰，这里使用"子程序sub － patch"的功能，让音序器、信号发生器和包络发生器各自拥有独立的窗口。

2.3.19　"子程序"

当系统变得复杂时，把程序中的对象按功能封装在几个独立的子系统中可以实现高效的管理。Pd 的子程序功能（sub － patch）正是为了这一目的而设计的。建立子程序的方法之一是使用对象【pd】，它可以在一个程序上以对象框形式建立多个"快捷子程序"（one-off sub － patch）。

如图 2.41 所示，我们在程序上放置了三个对象【pd Sequencer】，【pd SineGenerator】和【pd ADSR】。在运行模式下，点击每个对象都会弹出一个子程序窗口。我们可以在这三个窗口中分别构建音序器、信号发生器和包络发生器，这三个窗口中的系统将作为程序的"子程序"共同实现我们所需的功能。

为了让三个窗口中的对象相互连接，我们可以在"子程序"中放置"端口对象"【inlet】/【outlet】或者【inlet ～】/【outlet ～】。这些对象可以为子程序建立信息或者信号的输入口与输出口。当我们在子程序的窗口中放置一个【inlet】或【outlet】对象时，关闭子程序窗口，你就能看到相应的【pd】对象框上多出一个输入口或输出口来，而发送至这个输入口的信息，将从子程序里的【inlet】输出；输入子程序【outlet】的信息则从对象框【pd】的输出口输出。【inlet ～】与【outlet ～】对象的用法也是一样的，但它们仅允许接收或发送一个信号。需要说明的是，如果子程序中放置有多个"端口对象"，其对象框【pd】的输入口或输出口将根据这些"端口对象"在子程序窗口中的横向排布位置——对应。在子程序之间建立连接的另一种方式是使用"收发对象"。我们将在示例 7 中看到这种使用方法。

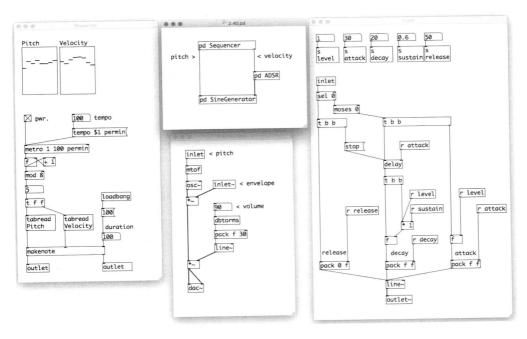

图 2.41 使用"子程序"构建系统

图 2.41 使用音符强度（velocity）信息来控制子程序 ADSR 中的包络发生器。这里子程序使用对象【select】可简写为【sel】）对输入信息进行了"筛选"。【sel】的参数决定了它需要筛选出的值，当【sel】的参数为 1 时，如果其收到信息"1"，则【sel】的左输出口会发出一个"bang"信息。如果输入信息不为 1，则【sel】会从其右输出口输出收到的信息。如图 2.41 所示，我们用【sel】选出强度为 0 的信息（即"音符关闭"信息），并用它触发包络的"释放"。另一方面，强度不为 0 的信息（即"音符开启"信息）将触发包络的"建立和衰减"。这里并没有使用音符强度数值来控制信号的音量。

子程序让我们的系统变得"井井有条"，但在调整系统时，我们需要打开子程序窗口才能进行开启音序器以及调整 ADSR 参数的操作。为此，Pd 设计了"父程序开窗"功能来解决这个问题。

2.3.20 "父程序开窗"

"父程序开窗"（graph-On-Parent）可以让子程序中的 GUI 类对象显示在创建它的父程序窗口中，这样以来，无需打开子程序窗口，我们就能通过父程序直接操作子程序中的 GUI 对象。Pd 中的大部分 GUI 对象、数组窗口以及注释可以被"开窗显示"，但普通对象与信息框不支持该功能。

这里以图 2.41 的程序说明"父程序开窗"的设置方法。通过【pd ADSR】创建子程序窗口，在其空白区域点右键选择属性，这会弹出一个画布属性设置窗口。在窗口中勾选"Graph – On – Parent"，并在下面的文本框中设置开窗的位置。这里"边框宽度"（Margin）代表开窗点与所在子程序边框的距离，"大小（Size）"代表开窗的面积。点击确定关闭属性窗口，子程序上将出现一个红色的方框。将调整 ADSR 参数的 GUI 数字框置于红色方框中，关闭子程序窗口，你就能看到这些 GUI 对象被显示在父程序窗口中，现在，你不用打开【pd ADSR】也可以调整它的 ADSR 参数了。

我们对子程序"pd Sequencer"也使用"父程序开窗"功能，将存储音高与强度的数组窗口、节拍器的开关以及调整音符持续时间的数字框对象显示在父程序上，如图 2.42 所示。

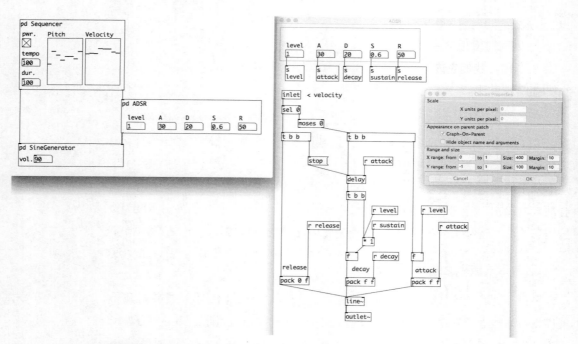

图 2.41　使用"父程序开窗"显示 GUI 对象

至此，我们的程序（见图 2.42）已经具有了模块化合成器的雏形。输入一组 ADSR 参数，打开音序器开关，调整信号发生器音量，你就能听到旋律。你可以实时调整音序的音高、拍速、持续时间和 ADSR 参数，不过这里只有一个正弦信号发生器，因此如果"建立"（attack）、"衰减"（decay）或是"释放"（release）时间过长，振幅包络就无法完整地执行，我们将在示例 7 中解决这个问题。

2.3.21 示例 7 模块化合成器

从"hello world"开始，我们依次介绍了运算器、信号发生器、节拍器、音序器，以及包络发生器的构建方法。在本章的最后一部分里，我们将用上述程序组成一个简单的模块化合成器。这个示例将帮助我们理解程序开发中的"抽象化"原则。

示例 6 中构建的程序可以发出带有振幅包络的纯音，不过当你通过调整拍速（tempo）将音序的播放速度加快至一定程度时，可能出现 ADSR 包络无法完成的情况，这时，纯音的音高变化会带有"杂音"。导致这一现象的原因如下：当音序快速播放时，上一个音的振幅还没有完全衰减至 0 就开始了下一个音的播放，而图 2.42 所示的程序只含有一个振荡器对象【osc ～ 】，因此，输出信号的波形就会出现不平滑的"跳变"。解决上述问题的方法是增加系统的复音数，也就是系统的同时发音数，简单地说，在上一个纯音逐渐减弱的时候，我们希望系统可以同时发出下一个纯音，而当 ADSR 参数的时值明显长于序列中每个音的持续时长时，我们应该能同时听到多个不同音高的纯音，这有点类似钢琴踩下踏板时的弹奏效果。

现在，我们再次从简单的正弦信号发生器开始，构建一个能够同时发出多个纯音的复音合成器。这一次我们使用"抽象化"原则来进行程序开发。

1. 新建文件夹 Synthesizer，在其中创建"SineSignal""ADSR""SoundGenerator""Synthesizer"四个 Pd 程序。分别构建其中的"SineSignal"与"ADSR"程序（见图 2.43），保存并关闭它们。

2. 打开程序"SoundGenerator"，这个程序用来实现一个带有振幅包络的正弦信号。在程序上放置两个对象框，并分别输入"SineSignal"和"ADSR"，这将以对象形式载入之前创建的程序"SineSignal"和"ADSR"。如图 2.42 所示将对象【SineSignal】和【ADSR】相互连接，并使用【unpack f f】将列表信息的"音高"与"强度"信息分别发送给【SineSignal】和【ADSR】。

图 2.43 中的程序与示例 6 类似，不过这里使用对象框中填入程序文件名称的方式直接调用了已有程序。现在，我们需要构建一个 4 复音（最大同时发音数为 4）的合成器，这需要 4 个功能相同的"SoundGenerator"。

3. 新建程序"SoundGenerator4"，并将其保存在 Synthesizer 文件夹下。使用对象框载入程序 SoundGenerator。在对象【SoundGenerator】上点击鼠标右键，并选择"open"（打开），就会弹出程序 Sound Generator 的窗口，而这个程序又调用了程序 SineSignal 和程序 ADSR。现在回到程序 SoundGenerator4 的窗口，选中对象【SoundGenerator】并将其复制 3 次（组合键 CMD/Ctrl+D），这会在程序

SoundGenerator4 中再创建 3 个【SoundGenerator】，而所有【SoundGenerator】都调用了同一个程序文件 SoundGenerator.Pd，并且每一个【SoundGenerator】都包含一个【SineSignal】和一个【ADSR】。

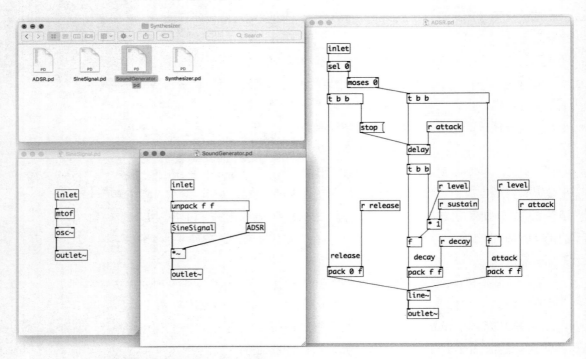

图 2.43 使用对象框调用 .Pd 文件

4. 为了让四个【SoundGenerator】中的【ADSR】具有统一的 ADSR 参数，我们在程序 SoundGenerator4 中新建 5 个 GUI 数字框，并分别设置其发送符（send symbol）为 "level" "attack" "decay" "sustain" "release"（见图 2.44）。由于所有程序中的 "收发对象" 都是相互连接的，因此改变 SoundGenerator4 程序中的数字框时，四个【SoundGenerator】中【ADSR】的参数会一同改变。

从系统结构上讲，【SignalGenerator4】已经可以同时发出四个正弦信号了，不过这里需要让音符信息轮流输入四个【SignalGenerator】，才能实现复音效果。我们创建一个新程序 "Dispatcher4" 来实现这个功能。

5. 新建程序 Dispatcher4，在程序中放置并连接对象【poly 4】、【route 1 2 3 4】以及一些输入输出口对象（见图 2.44），这些对象可以让输入的音符信息从【route】的多个输出口轮流发送。将程序 Dispatcher4 保存在 Synthesizer 文件夹下。

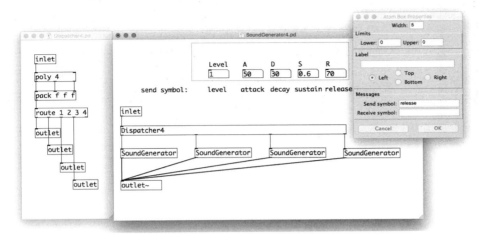

图 2.44 SoundGenerator4

6. 打开程序 SoundGenerator4，使用对象框调用程序【Dispatcher4】，并将【Dispatcher4】的输出口与四个【SoundGenerator】分别连接，为了便于调整参数，这里启用了"父程序开窗"功能。

7. 新建程序 Sequencer，在其中构建类似示例 5 的音序器，这里使用【pack f f】将"音高"与"强度"信息组合为一条列表信息。使用 GUI 对象"数字框 2"[5]（Shift+CMD/Ctrl+N）设置音序器的拍速"Tempo"与音符持续时值"Duration"，并使用发送符"tmp"与"dur"将数值发送给【r tmp】与【r dur】，见图 2.44。

8. 最后，新建程序 Synthesizer，使用对象框调用【Sequencer】与【Sound Generator4】，将两者相连并使用【dac～】输出信号。这样，一个 4 复音数的合成器就构建完成了（见图 2.45）。

这里说明一下程序"Dispatcher4"的工作原理。对象【route】可以对列表信息进行有选择的输出，其输出口数量由自身参数的数量决定。当【route】收到一条列表信息时，它会把列表信息的首元素与自身的参数进行比对，如果首元素的数值或字符与自身某个参数一致，那么这条信息会从该参数对应的端口输出。以示例 7 的【route 1 2 3 4】为例，如果一条信息的首元素为 1（比如 1 60 100），则这条信息会从【route】的第一个输出口（route 参数"1"对应的输出口）送出，而信息"4 60 50"则从【route】的第四个输出口送出。

---

5 GUI 对象"数字框 2"可以保存自己上一次关闭时使用的数值（其属性"No lnit/lnit"可以开启保存功能），使用这项功能可以为程序的参数设置初始值。在示例 7 中，为调整拍速的"数字框 2"设置一个初始值可以避免音序器启动时拍速为 0 的情况。另一方面，你也可以用【loadbang】来解决上述问题。

【route】送出信息时会去掉作为 "selector（选择符）" 的首元素，因此，从【route】输出的信息将是 "60 100" 与 "60 50"。

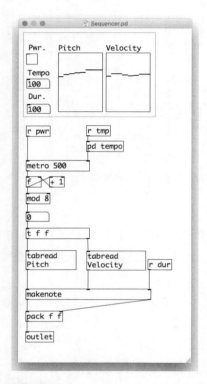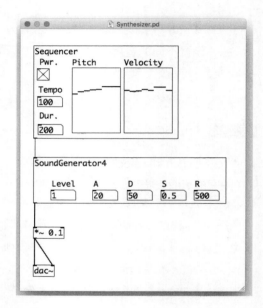

图 2.45 Sequencer 及模块化合成器 -1

本例中，音序器发出的音符信息只包含音高与强度两个数值，因此，我们需要在音符信息的前面增加一个作为 "selector（选择符）" 的数值，当然，它的取值应该在 "1 ~ 4" 之间循环。【poly】对象实现了为音符信息增加 "选择符" 的功能。当填入参数 4 时，【poly 4】会在其收到的第一条信息前加入数值信息 "1"，之后收到的信息依次加入数值信息 "2" "3" "4"，直至第五条信息再次加入数值信息 "1"。配合【route】使用时，【poly 4】收到的信息就会从【route 1 2 3 4】的 4 个输出口轮流发送。需要说明的是，【poly】是专门针对 MIDI 音符信息设计的，因此，当收到一条 "音符关闭" 信息时 [第二个参数为 0 的列表信息]，【poly】会使用与该音符的 "音符开启" 信息相同的序号。比如，顺次收到的三条信息为 "60 100"（音符 60 开启）、"62 100"（音符 62 开启）和 "60 0"（音符 60 关闭），【poly】的输出将是 "1 60 100"，"2 62 100" 和 "1 60 0"。此外，当同时开启音符的总数大于【poly】的参数时，【poly】可以自动发送 "音符关闭"来关闭较早开启的音符。

经过调整，我们为合成器添加了四个信号发生器，现在，它可以同时发出四个不同纯音了，打开音序器，逐渐增加 ADSR 的"释放"（release）参数，你就能听到多个纯音的合声效果。

我们来继续扩展图 2.44 所示合成器的功能，让它能够同时播放两个不同的音符序列。显然这次可以通过复制【Sequencer】、【Dispatcher4】与【SignalGenerator4】的方式来实现上述目的，如图 2.46 所示。不过，当我们为两个音序器设置不同的音序时，问题出现了，改变一个音序器的序列，另一个音序器也会跟随变化。类似的，当你设置一个【SignalGenerator4】的 ADSR 参数时，另一个【SignalGenerator4】的参数也会一同改变（这里无法通过 GUI 数字框显示出来），而我们不希望两个音序使用同样的振幅包络。出现上述问题的原因在于两个【Sequencer】对象来自同一个 Sequencer 程序，因此它们使用了同样的数组名称（pitch 和 velocity）。而所有【ADSR】中的数字框与"收发对象"也使用了相同的"收发符"。

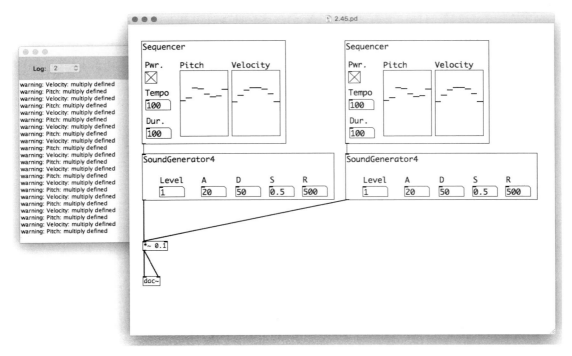

图 2.46 这里的 Sequencer 并不能正常工作，Pd 主窗口也打印了错误信息

上述问题可以通过 Pd 的"$"美元符号来解决，它可以让一个程序文件在

每次调用时使用不同的参数。

2.3.22 "$"符号的用法

"$"符号是 Pd 中的一个代表变量的特殊字符，它可以配合数字来创建一系列变量（比如 $1、$2、$3……）。当无法事先确定需要输入的参数，或者一条信息会在系统运行过程中不断改变时，我们可以使用"$1，$2……"这样的变量来代替信息的变化部分。

"$"符号在信息框与对象框中的用法有所不同，这里分别介绍。

在信息框中的使用 "$"

当信息框中的内容包含一个变量时，这些变量会被输入口收到的信息替换。如图 2.47 所示，信息框【5 $1】中的 $1 将被顶部数字框的数值替换，从而构成一个列表信息"5 3"发送给【- 】。替换变量的内容也可以是字符信息。如图 2.47 所示，点击信息框"symbol A"，带有变量的信息"open sound_$1.wav"将被替换为"open Sound_A.wav"。

信息框中可以使用多个变量，且变量可以重复出现。当包含多个变量的信息框收到一条列表信息时，列表信息中的第一个参数将替换 $1，第二个参数替换 $2，依此类推（见图 2.48）。

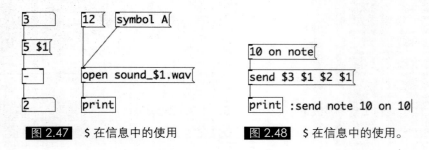

图 2.47　$ 在信息中的使用　　　图 2.48　$ 在信息中的使用。

在对象框中使用 "$"

如图 2.49 所示的程序 child 中放置了三个对象【float $0】、【float $1】和【symbol $2】。程序 parent 使用对象框两次调用了 child 程序，但两次调用所输入的预设参数不同。在程序 parent 中打开两个对象【child】的窗口，分别点击两个按钮，你会看到【child 1 a】中输出的是一个 4 位数、1 和 a，而【child 2 b】中则是一个 4 位数、2 和 b。

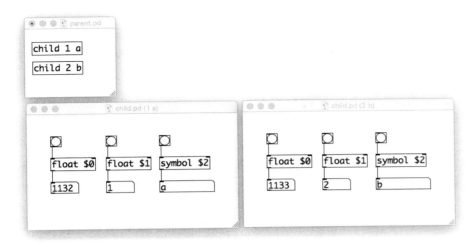

图 2.49 使用 "$" 符号设置程序参数

上面的例子说明了在对象框里使用 "$" 符号的规则。Pd 中的大部分对象可以在创建时输入预设参数，比如【+ 1】或者【float 1】。当一个 Pd 程序被另一个 Pd 程序作为对象调用时，对象的预设参数就会传递到被调用的程序里，替换其对象框上的 $1（对应第一个预设参数）、$2（对应第二个预设参数）……在上面的例子里，由于两次调用【child】时使用了不同的参数 "1 a" "2 b"，所以两个【child】中【float】和【symbol】的参数就会不同。

与其他变量不同，"$0" 是一个由 Pd 系统自动分配数值的变量。Pd 中打开的每一个程序（包括被多次调用的同一个程序）都会拥有一个数值不同的 $0。在上面的例子中，被两次调用的【child】就自动获得了不同的 $0，如果你复制更多个【child】，会发现每一个【child】里【float $0】输出的四

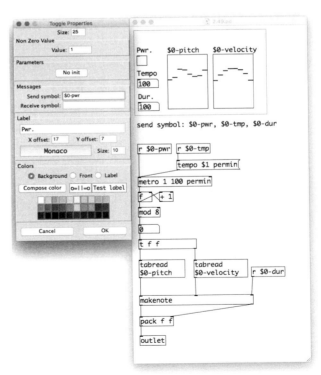

图 2.50 使用 $0 解决名称重复问题

位数都不相同。根据这一规则，你可以在对象框，或者 GUI 对象的发送与接收符中使用 $0 来避免重复命名的问题。

现在我们用"$0"来解决如图 2.46 所示程序中数组与收发符的名称重复问题。

打开程序 Sequencer，将数组的名称改为"$0-Pitch"，将【tabread Pitch】改为【tabread $0-Pitch】，这可以让两次调用的【Sequencer】使用不同名称的数组。使用同样的方法处理数组 Velocity 的名称，并为【r】对象与数字框的发送符加入"$0-"，成为【r $0-pwr】、【r $0-tmp】（见图 2.50）。保存并关闭程序 Sequencer，重新打开程序 Synthesizer，现在多个音序器可以相互独立地工作了。

我们可以使用"$0"解决多个【ADSR】参数的收发符同名问题，但这会让一个 Sound Generator4 程序中的 4 个【ADSR】的参数相互独立，对复音合成器而言，这是不必要的。因此，这里采用另一种设置"$"变量的方式。打开程序 ADSR，为数字框的接收符与对象的参数加入 $1（比如$1-release）。打开程序 SignalGenerator4，为其 ADSR 数字框的发送符也加入$1-，并将【SoundGenerator】改为【SoundGenerator $1】。之后，打开程序 SoundGenerator，将其中的对象【ADSR】改为【ADSR $1】，保存并关闭。最后，重新打开程序 Synthesizer，为对象【SoundGenerator4】加入不同的预设参数，比如【SoundGenerator4 A】与【SoundGenerator4 B】，这时，参数 A、B 会被传递到程序 SignalGenerator4 中成为收发符号的一部分比如【SignalGenerator4 A】中数字框 level 的发送符成为"A-level""A-attack"，同时 4 个【SoundGenerator $1】也被替换为【SoundGenerator A】（这不会在图形界面显示出来），而参数"A"又将程序 SoundGenerator 中的【ADSR $1】替换为【ADSR A】，进而【ADSR A】的【r】对象被设置为"r A-level""r A-attack"等，如此一来【SignalGenerator4 A】的数字框就可以同时设置【SignalGenerator $1】中 4 个【ADSR $1】的参数了。【SignalGenerator4 B】的情况也是一样的，只不过这次所有相关对象会使用"B-level""B-attack"与"r B-level""r B-attack"的组合。现在【SoundGenerator A】与【SoundGenerator B】可以设置不同的 ADSR 参数了。

最后，为了更灵活地控制多个 SignalGenerator4 的输出音量，我们构建一个程序 Output 来接收（混合）多个【SoundGenerator4】的输出信号，见图 2.51。

现在，打开程序 Synthesizer，两个音序器与相应的 4 复音合成器都可以相互独立地工作。如果需要播放更多的音序，你只需"放置"对象【Sequencer】与【SoundGenerator4】，就像那些商业化的合成器软件一样简捷，但在 Pd 中，你可以从最基本的数字运算开始构建自己的合成器。

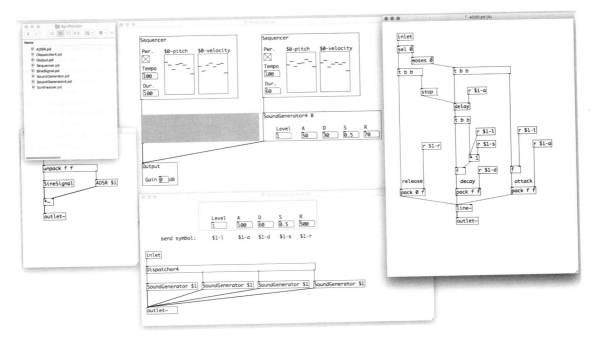

图 2.51 模块化合成器

2.3.23 "抽象化"

"抽象化"的主要思想是将问题进行功能分解，归结出所需功能的共性，再采用各个击破的方法来提出系统性解决方案。使用"抽象化"思想来开发程序，可以提高程序的开发效率、降压系统的开发难度。

示例 7 的开发运用了一定的抽象化思想。在示例 7 中，我们的合成器可以分解为音序器、正弦信号发生器、包络发生器等功能单元，这些单元的功能相对独立，并且无法通过参数调整来相互替代，因此我们分别构建了 3 个独立的程序"Sequencer""SignalGenerator""ADSR"。而构建 4 复音合成器"SoundGenerator4"时的情况则不同，这里四个发声单元的功能基本一致，它们都包含一个正弦信号发生器，一个控制振幅的包络发生器，并且接收同样格式的 MIDI 音符信息（由"音高"与"强度"组成的列表信息）。基于上述分析，我们将发声单元抽象为一个程序"SoundGenerator"，并在这个程序中使用"SignalGenerator"与"ADSR"构建发声系统。如此一来，我们只要重复使用【SoundGenerator】就能得到 4 个甚至更多个发声单元。更重要的是，当我们需要对发声单元的功能进行改进时，比如加入"音符强度信息控制信号音量"的效果，我们只需修改一个 SoundGenerator 程序文件，就可以让所有发声单元都具有新的功能。

图 2.52 的程序"KeyLevel"用来根据音符的强度信息计算出一个控制信号音量的数值。这里，我们定义强度值"96"为 100dB，强度值越低则音量越小，而【sel 0】可避免强度为 0 的"音符关闭"信息改变信号音量。

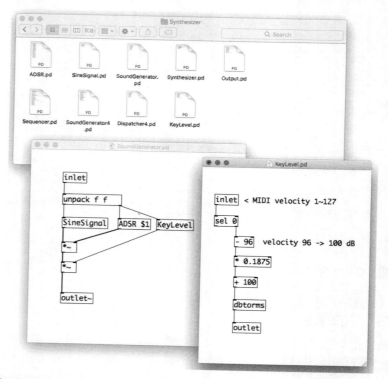

图 2.52 改进的 SoundGenerator，使用"KeyLevel"实现强度信息对音量的控制

"如果多次遇到同样的问题，就应该抽象出一个共同的解决方法，不要重复开发同样的功能"，这是"抽象化"思想的启示之一。不过，同样的功能并不意味着同样的参数。在示例 7 中，我们多次调用了同一个【ADSR】程序，因为系统的不同部分需要多次使用一个功能相同的包络发生器，但【ADSR】中的参数却需要根据系统需求而变化，这时，需要变化的参数可以用"$"变量来代替，直至调用【ADSR】时再为其设置具体的参数，示例 7 中的两个【SoundGenerator4】正是使用这一方式获得了不同的振幅包络。由于抽象化原则的使用，一个复杂系统变成了一系列简单系统的组合与重复使用，这让音频程序的开发与改进变得灵活而高效。

至此，我们运用本章知识完成了一个模块化合成器的开发。不过，这里的合成器程序只能发出纯音。在下面的章节中，我们将介绍一些音频处理与声音合成技术，正是这些技术为合成器带来了丰富的音色，让音频程序的效果层出不穷。

第 3 章

信号分析与音频播放

在这一章里，我们将构建一些常用的音频信号分析器，这些工具可以帮你更好地观察与理解音频信号的处理过程。此外，我们还将介绍使用 Pd 播放与录制音频文件的方法。

3.1 信号分析工具

3.1.1 示例 8 示波器

示波器（oscilloscope）的主要功能是观察一个信号的波形，它也用于测量信号的振幅、周期与频率。图 3.1 的程序示例 8 模拟了一个示波器的功能。

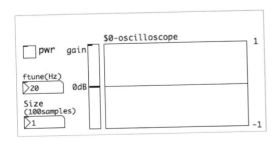
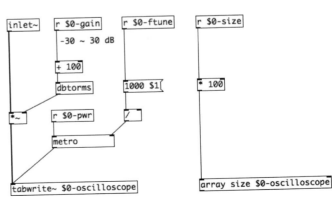

图 3.1 示波器

在示例 8 中，由【inlet ～】输入的被测信号通过数组窗口 $0-oscilloscope 来显示波形。这里，连接在【inlet ～】输出口的【* ～】可以调整被测信号的输入增益，它的参数由开窗显示的滑块对象 "gain" 输入。我们使用【array size】对象来改变数组 $0-oscilloscope 的长度，当被测信号的频率较低时，可以通过数字框 "size" 来增大数组的长度，从而显示出更完整的波形。数字框 "ftune" 可以改变示波器的测量频率，其用于获得信号波形的稳定显示。数组长度与测量频率的输入使用了 "数字框 2"（Number2，组合键 CMD/Ctrl+Shift+N），这个 GUI 对象可以设置一个初始数值（通过其属性菜单的 "Init/No init" 设置），并能在程序被再次打开时自动载入上一次关闭时的数值。此外，"数字框 2" 与滑块对象通过各自属性限制了数值的范围，并设置了发送符 "$0-gain" "0-ftune" 与 "$0-size"。

如图 3.2 所示，将对象【osc ～】的输出信号送入示波器，就能看到熟悉的正弦波形。由于每一次测量可能从信号的不同相位开始，信号的波形显示可能会不稳定，这时可以调整 "ftune"，让测量频率接近输入信号频率的整数倍，这可以获得一个相对稳定的波形显示。你也可以通过暂停开关 "pwr" 来获得波形的静态显示。

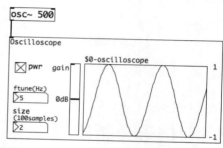

图 3.2　使用示波器测量信号

3.1.2　示例 9 电平表

对数字音频信号而言，表示样点的数值总是在不断地变化，但信号在听感上的响度却可能十分稳定。以【osc ～】发出的信号为例，它的信号数值在 "-1 ～ 1" 之间变化，但它发出的纯音却拥有稳定的响度。度量数字音频信号的强度时，我们通常将一定时间内的信号数值相加，并求取它们的方均根值（RMS）[1]。对数字音频信号而言，方均根值能够较好的反映出信号在听感上的响度，为系统的音量控制提供参考。

Pd 中的【env ～】可以计算信号的方均根值。使用默认参数时，【env ～】的每次处理将求取连续 512 个信号样点的方均根值，你可以通过参数改变每次

1　方均根值的计算方法如下：把一系列数值分别求平方并相加，再用和除以数值的数量，最后再求平方根。$x_{\mathrm{rms}} = \sqrt{\dfrac{1}{n}(x_1^2 + x_2^2 + \cdots + x_n^2)}$。数字信号中一组连续样点（等时间间隔采样时）的方均根值接近其模拟信号的有效值，后者能为信号的响度提供参考。

处理的样点数目（比如【env ~ 4096】）[2]。【env ~ 】的输出是一个分贝（dB）值，并规定方均根值为 1 时对应 100dB，如果需要将 dB 值换算回信号的方均根值，可以使用对象【dbtorms】。

需要说明的是，【env ~ 】对响度的反映仅在被测信号是一个数值围绕 0 点正负变化的"交流信号"时有效（比如一个正弦信号）。图 3.3 右侧的对象【sig ~ 1】可以输出一个信号数值恒为 1 的"直流信号"（即每一个样点的数值都为 1），因此它的方均根值也为 1，【env ~ 】的输出是 100dB，但这个没有数值变化的信号并不会发出声音。

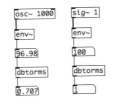

图 3.3 【env ~ 】的使用

使用【env ~ 】获取的分贝值可以作为数字信号的电平。在图 3.4 所示的程序中，【adc ~ 】可以采集并输出来自音频接口输入通道的音频信号（通过"Audio Settings(音频系统设置界面)"的"Input Devices"（输入设备）选择）。电平表造型的 GUI 对象【VU Meter】（CMD/Ctrl+Shift+U）可以基于刻度显示输入的数值信息。根据数字音频系统的常用标准，这里使用电平表的 0dB 来对应 Pd 系统的信号值 100dB，因此，需要对【env ~ 】的输出数值进行"减去 100"的处理。

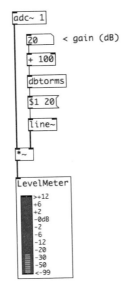

图 3.4 使用电平表测量信号

2 由于【env ~ 】使用"汗宁窗"进行交叠取样分析，因此对象【env ~ 4096】每 2048（4096/2）个样点计算一次方均根值，我们将在"傅里叶分析"一节介绍"汗宁窗"与交叠取样的概念。【env ~ 】的参数通常应该是 Pd 音频系统信号块（block）的整数倍。

如果希望电平表的响应更为迅速，可以减小【env～】每次分析样本的数目，比如设置为【env～256】，这会让电平表更加接近信号峰值表的显示。另一方面，如果需要获得较为平稳的电平显示，可以增大【env～】的参数，不过较大的参数也会带来一定的测量延迟。

电压电平与数字电平

音频信号之间的振幅差可能达到"10^6级"，因此与声压级类似，我们更多使用电压电平（votage level，又称电压级）来描述音频信号的强弱。电压电平的单位是分贝（dB），其值的定义是信号有效电压与参考电压的比值取对数再乘以 20【20lg（Vrms/Vref）】。需要说明的是，模拟音频设备的参考电压并不一致，消费级设备通常使用有效电压值 1 伏（1Vrms）作为参考电压，而专业级设备的参考电压大约为有效电压值 0.7746 伏（0.7746Vrms）。为了标明这一区别，使用 1Vrms 作为参考电压时，我们将信号电平的单位写为 dBV，而使用 0.775 Vrms 作为参考电压时，电平单位写作 dBu。

数字信号也会使用以分贝为单位的电平，不过与基于有效电压的模拟信号不同，数字信号通过对一组连续样点的数值求方均根值的方法得到它的有效值，而数字电平值的定义通常是信号方均根值与参考值的比值取对数再乘以 20。数字音频系统通常将系统可用的最大信号数值作为参考值，这意味着不同的数字音频系统可能使用不同的参考值，而这些系统中信号的最大电平值都接近 0dB，又写作 0dBFS（Decibels Full Scale 满刻度电平）。在数字音频系统中，基于方均根值的电平（即 RMS Level）可以较好的反映出数字音频信号的响度，但它不能反映出瞬间的大幅值信号（信号数值在计算方均根值时被平均），因此，我们使用峰值电平来更好的观察信号的瞬态电平。在进行信号处理时，一些峰值电平表可能直接使用一个信号样点的数值（而不是一组样点的平均值）与参考值比较以获得分贝值，因此只要信号中存在超过系统最大可用信号数值的样点，峰值电平表的显示就会超过 0dBFS，而这意味着信号存在"削波"现象。需要说明的是，作为一个基于浮点数的信号处理系统，Pd 的【env～】输出一个分贝值，并且使用方均根值 1 对应 100dB，因此它的输出数值是输入信号的方均根值与 1 的比值取对数后乘以 20 再加 100。

3.1.3　示例 10 频谱分析器

频谱分析器可以对信号进行频域分析并得到它的频谱图。在数字系统中，频域分析主要使用一种称为快速傅里叶变换（Fast Fourier Transformation，简写为 FFT）的算法，它可以快速计算出数字信号各频率分量的幅值与相位。

Pd 的对象【rfft～】可以对输入信号进行快速傅里叶变换。【rfft～】以一组样点为单位进行信号分析，每组样点的数目取决于 Pd 音频系统的信号块长度（默认系统设置下是 64 个样点）。如果【rfft～】每次处理 64 个样点，它的输出结果就是 64 个数值对（【rfft～】的两个输出口各输出 64 个数值），这些数值以复数（complex number）形式描述了输入信号的 32 个频率分量[3]。

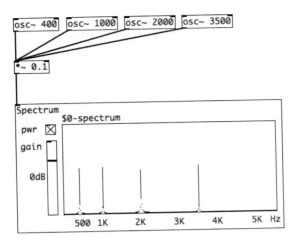

图 3.5 频谱分析器

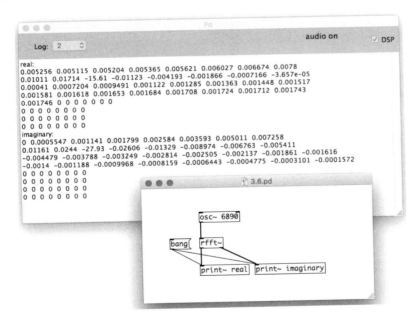

图 3.6 【rfft ～】的输出结果

这里，我们只希望得到每个频率分量的幅值，所以对【rfft ～】的结果作取模运算（"模"（modulus）的概念可参考图 3.7 中的 "r"）。如图 3.8 所示，【rfft ～】的

---

3 【rfft ～】输出数值中的实数部分为 32+1 个，虚数部分为 32-1 个，其他部分的输出为 0，请参考【rfft ～】的帮助文档以获得详细说明。

左输出口是复数的实数部分，右输出口是复数的虚数部分，我们对两个输出口的数字分别作平方运算，再求取它们和的平方根（使用【sqrt ～】），得到的结果就是一系列频率分量的幅值。需要注意的是，由于使用了快速傅里叶变换算法，所得频率分量的幅值将被放大，虽然这不会影响各分量之间的幅值比例，但使用这些分量重新合成音频信号时，需要对数值进行缩减处理（如图 3.8 所示）。

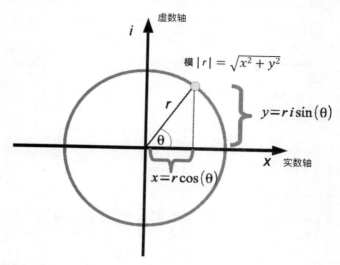

图 3.7 用复数描述信号

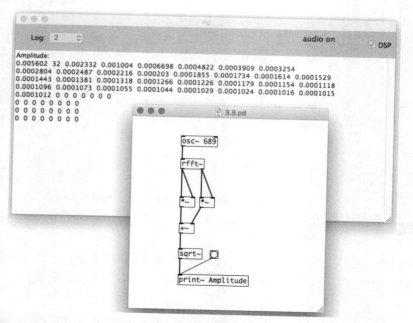

图 3.8 对【rfft ～】的输出"取模"得到频率分量的幅值

复数描述的信号

【rfft～】的输出结果代表了一组特定频率与相位的正弦信号。根据波的振动方程 [$y(t)=A\sin(2\pi ft+\psi)$] 除了频率 f 和振幅 A 外,我们还需要一个相位值 ψ 来表示各个正弦信号之间的相位关系。为了同时输出振幅和相位值,【rfft～】采用"实数部分(实部)+ 虚数部分(虚部)"的

复数形式进行输出,你可以把每一对输出值看作"平面直角坐标系"中的一个点,而实数部分与虚数部分分别表示这个点的 x 轴坐标和 y 轴坐标。我们关心的幅值其实是这个点到坐标原点的距离 r,它可以用"$\sqrt{x^2+y^2}$"得到,这种运算称为取模运算。

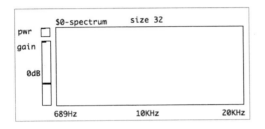
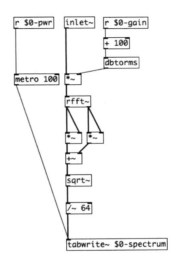

图 3.9 频谱分析器

将取模计算所得的前 32 个幅值顺次写入数组 $0-spectrum,就可以得到一个频谱图,这里使用【/ ～ 64】对结果进行处理,以消除快速傅里叶变换算法所带入的幅值增益。由于【rfft ～】每次分析的样本数是由信号块长度规定的 64 个,因此频谱的频率分辨率约为 689Hz(默认采样率 44100Hz 除以 64)。如果希望提高频谱的分辨率,就需要增加被分析样点的数量,也就是信号块(block)的长度。Pd 可以在不同的程序窗口[4] 中使用不同的信号块长度,你可以通过【block ～】来设置该对象所在程序窗口的数据块长度。

---

4 这里的程序窗口包括用对象【pd】创建的子程序窗口以及使用对象框调用一个 Pd 程序文件时产生的窗口(见示例 7)。

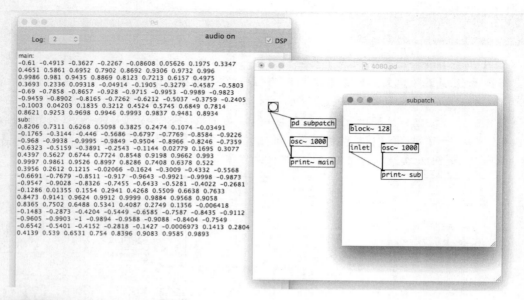

图 3.10 【block ～】的使用方法

【block ～ 】与【switch ～ 】的使用方法

使用【rfft ～】进行信号分析时，我们经常会配合【block ～】或【switch ～】。【block ～】和【switch ～】是 Pd 用来设置其信号处理系统（DSP）的对象，它们可以改变自身所在窗口的信号块长度与交叠比例，每一个程序窗口只能包含一个【block ～】或【switch ～】。

【block ～】的第一个参数能设置其所在程序窗口的信号块长度。在图 3.10 中，【block ～ 128】将子程序（subpatch）的信号块长度设置为 128，而主程序（main）的信号块长度保持默认的 64，因此，每当主程序中的"波浪号对象"执行 2 次处理时，子程序执行 1 次，通过【print ～】可以看到两个程序每次处理样点的数量不同。

【switch ～】的第一个参数也用于改变信号块的长度，同时，向【switch ～】发送信息"0"可以让其所在程序窗口的信号处理暂停并进入"单步处理模式"，这种模式下，每当【switch ～】收到一个"bang"时，程序窗口才会执行一次数字信号处理。

【block ～】与【switch ～】的第二个参数可以设置 Pd 信号处理系统的取样交叠比例。Pd 的信号处理系统可以使用交叠取样的方式处理信号块，假设我们输入一串由 256 个样点组成的信号"X[0]（代表第一个样点）～ X[255]（代表第 256 个样点）"，使用默认的信号块长度 64 时，顺次取样得到的四个连续信号块分别包含 X[0] ～ X[63]、X[64] ～ X[127]、X[128] ～ X[191]、X[192] ～ X[255]。如果放置一个【block ～ 128 2】在程序窗口中，则该窗口中的连续信号块将依次包含 X[0] ～ X[127]、X[64] ～ X[191]、X[128] ～ X[255]……即后一个信号块的前 64 个样点与前一个信号块的后 64 个样点相同，换句话说，【block ～ 128 2】代表每个信号块的长度为 128，但信号块之间有"1/2"的取样交叠区域。取样交叠比例的设置在进行傅里叶分析时十分实用，不过，如果一个窗口通过【block ～】与【switch ～】设置的信号块长度与 Pd 音频系统的信号块长度（通过 PdAudio Settings 界面设置）不同，Pd 将不能在这个窗口上使用【dac ～】或【adc ～】来输出或输入音频信号。

图 3.11 的频谱分析器程序使用【block】将程序窗口的信号块长度设为
4096，因此频谱分析的频率分辨率可以达到 10Hz（44100/4096）。本程序中
【rfft～】的输出结果取模后是 4096 个数，考虑到频谱的显示效果，这里选择了
其中的前 500 个数进行显示，并使用滤波器【biquad～】让信号延迟 2 个样点
写入数组 $0-spectrum，因此图中数组窗口的频谱显示范围大约为 5kHz。

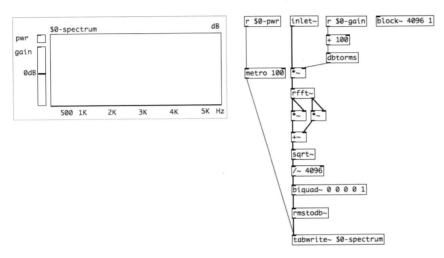

频谱分析器（振幅单位为分贝）

　　一些被测信号各频率分量的幅值差比较大，这时可以使用对象【rmstodb～】
获得以分贝为单位的幅值。

　　如果希望以倍频程方式完整显示信号可闻频段的频率分量，可以参考 Pd 外
部库 heavylib 中由 Thomas Musil 制作的频谱分析器（见图 3.12）。

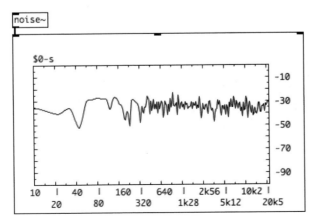

Thomas Musil 的频谱分析器（来自第三方库 heavylib）

3.2   音频文件的播放与录制

3.2.1   示例 11 基于【 readsf ～ 】的音频播放器

【 readsf ～ 】的功能是从计算机硬盘直接播放一个音频文件。播放文件时，【 readsf ～ 】会在计算机内存中开辟一段称为 "buffer"（缓存）的存储空间，并将音频文件中的资料数据（即表示信号样点的数据）根据元数据（metadata）中记录的编码格式、采样率、通道数等信息进行提取（转为数值 "-1 ～ 1" 的样点）并写入 buffer 中，而 Pd 的信号处理系统将从 buffer 中获取样点并进行播放。每当 buffer 中的一段数据（通常为一个信号块长度的数据）被播放后，后续的资料数据就会被写入 buffer，以此实现连续的音频数据播放 [5]。

【 readsf ～ 】常用于连续播放一个持续时间较长的音频文件，即使是播放硬盘中一段长达数小时的文件，其对计算机内存的占用也仅是 buffer 的空间长度。不过，【 readsf ～ 】的播放方式无法实现文件的加速播放或跳跃播放。此外，默认设置下的【 readsf ～ 】只是顺次读取音频文件中的样点数据，因此，当被读取音频文件的采样率不等于 Pd 音频系统的采样率（比如 44100 Hz）时，【 readsf ～ 】将不能以正确的速度播放音频文件，这会造成播放音调的升高或降低。

图 3.13 构建了一个基于【 readsf ～ 】的双通道音频文件播放器。这里的【 openpanel 】可以在收到 "bang" 信息时打开操作系统的文件浏览器并返回所选音频文件的地址，这个地址将存入【 symbol 】中，并在每次播放时以 "open 文件地址" 的格式发送给【 readsf ～ 】。由于【 readsf ～ 】将音频文件数据写入 buffer 需要时间，这里建议使用【 delay 】延迟发送播放命令 "1" 给【 readsf ～ 】。

3.2.2   示例 12 基于【 writesf ～ 】的录音程序

图 3.14 是一个音频录制程序，它使用【 writesf ～ 】把来自【 adc ～ 】的信号录制为一个音频文件。数字框 "Gain" 可以调整录制信号的电平，"Levelmeter" 用来显示调整后的信号电平。需要说明的是，每次录制前都需要向【 writesf ～ 】发送一个代表录制文件存储路径与名称的信息。【 writesf ～ 】可以通过命令参数设置录制文件的采样率与量化精度，详细使用方法请参考其帮助文档。

---

5   计算机音频系统通常将 buffer 分为多个区域来循环处理，比如区域 1、区域 2、区域 3、区域 1、区域 2、区域 3…… 通常，当音频系统正在播放区域 1 中的数据时，区域 2 的数据已经写入完毕，而区域 3 正在写入需要播放的数据。这一机制可以保证计算机音频系统的播放连续性。

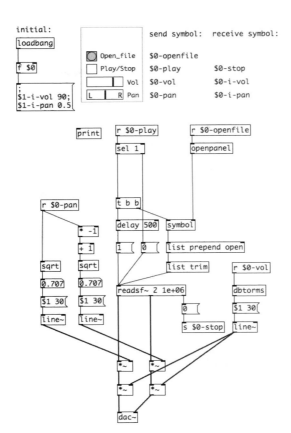

图 3.13 基于【readsf ~ 】的音频播放器

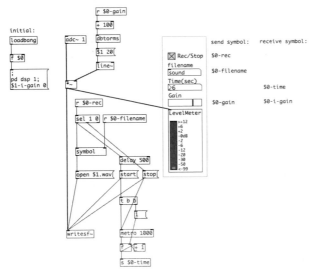

图 3.14 基于【writesf ~ 】的录音程序

3.2.3 示例 13 基于 "Pd 数组" 的音频播放与录制

在 Pd 中，我们也可以使用 Pd 数组来播放一个音频文件。使用这种方式时，音频数据将被存入一个数值数组中，而播放系统将由 "音频文件读取" 和 "音频数据播放" 两个部分组成，它们可以通过【soundfiler】和【tabplay～】对象分别实现。

播放器的 "音频文件读取" 由【soundfiler】实现。图 3.14 中，对象【soundfiler】的作用是将一个音频文件写入数组中。这里，发送给【soundfiler】的信息包含三个参数，分别是 "read" "demo.wav" "sample-table"。点击信息框,【soundfiler】会把程序文件目录下的 "demo.wav" 文件写入数组 "sample-table" 中，并输出写入样点的数目。本例中音频文件 "demo.wav" 的采样率为 44100Hz，而数组 "sample-table" 的长度为 44100，因此，【soundfiler】只会读取 "demo.wav" 第一秒的 44100 个样点，并把它们顺次写入数组 "sample-table" 中。如果写入成功，你可以通过数组窗口看到音频文件的波形（见图 3.15）。

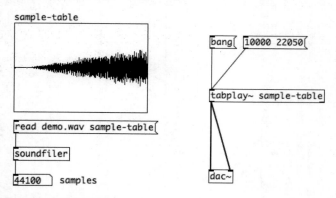

图 3.15 基于数组的音频播放器

写入数组的音频数据可以由【tabplay～】进行播放。【tabplay~】的功能是顺次读取并输出目标数组中的数值。如果 Pd 音频系统的采样率为 44100 Hz，则【tabplay～】的读取速率就是每秒 44100 个存储单元。向【tabplay~】发送 "bang" 信息可以命令它完整的播放目标数组中的全部数据。你也可以使用列表信息来命令【tabplay~】从数组的某个存储单元开始输出，并在另一个存储单元停止。图 3.14 中，发送 "bang" 可以完整播放数组中一秒时长的音频数据。而发送 "10000 22050" 则从数组 "sample-table" 中索引值为 10000 的单元开始，向后播放 22050 个样点（0.5 秒）。

如果希望【soundfiler】能完整地读取一个音频文件，可以使用 "-resize" 命令改变目标数组的长度。举例来说，如果被读取文件 "demo.wav" 的时长为 10 秒（441000 个样点），那么发送信息 "read demo.wav sample-table -resize" 后，【soundfiler】会将数组 "sample-table" 的长度改为 441000，这就能完整写入 demo.wav 中的音频数据。需要说明的是，【soundfiler】读取音频文件的最大长度默认为 90 秒左右（44 100Hz 采样率时），你可以通过 "-maxsize" 命令提升最大读取长度，不过，由于数组空间开辟在计算机内存中，因此，并不建议读入过长的数据。如果只是正常播放一个时间较长的音频文件，应考虑使用【readsf~】。此外，默认设置下的【soundfiler】只保证顺次读取音频文件中的样点数据，而当被读取音频文件的采样率不等于 Pd 音频系统的采样率时，【tabplay~】将不能以正确的速度播放音频文件，造成播放音调的变化。

【soundfiler】的使用方法

截至 Pd vanilla 0.47 版本，【soundfiler】支持的文件封装格式包括 WAV、AIFF、NEXTSTEP，并且仅支持 LPCM 编码格式的音频数据。【soundfiler】可以通过命令设置音频文件的读取参数，包括以何种采样率、量化精度来读取音频文件，也可以通过偏移命令从音频文件的指定样点开始数据的读取。此外，【soundfiler】支持读取立体声或多通道音频文件，这时你需要使用多个数组来分通道的存储音频数据。有关【soundfiler】的更多使用方法请参考其帮助文档。

图 3.16 的程序基于数组实现了音频信号的录制。信号写入数组的操作由【tabwrite~】完成，该对象收到 "bang" 后会立即向目标数组连续写入自身收到的信号，直至数组的存储单元写满为止。我们也可以使用信息 "start n" 来命令【tabwrite~】从目标数组的第 n 个存储单元开始写入信号。

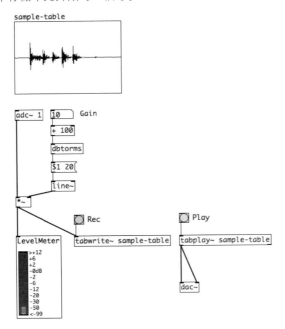

图 3.16 基于数组的录音程序

第 4 章

音频处理技术

滤波、延时与动态范围处理是一些发展自模拟系统的音频处理技术，它们最初用于解决音频信号处理时的失真问题，不过随着声音设计理念的发展，我们开始使用这些技术修饰与设计声音，并发展出一系列音频效果器，比如压缩器（compressor）、均衡器（equalization）、延时效果器（delay）、混响器（reverb），以及数字时代的 FFT 滤波器、声码器等。

在这一章里，我们将依次介绍滤波、延时、动态范围处理以及傅里叶分析技术的基本概念，并展示这些技术在 Pd 中的实现方案。我们将基于这些音频处理技术构建一些经典的效果器，它们可以为音频程序带来丰富的实时效果。

4.1 滤波

滤波是音频信号处理中最为常用的技术，它通过抑制信号的某些频率分量来改变信号的频谱特征。在音频系统中，我们使用滤波器（filter）对信号进行滤波处理，早期的滤波器是通过模拟电路实现的，它们可以直接处理一个连续变化的模拟音频信号。而在 PCM 数字音频系统中，我们采用数字运算的方式对音频信号进行"滤波"。尽管数字信号的滤波算法较为复杂，却很容易实现一些模拟滤波器不易实现的音频效果。

4.1.1 滤波器的类型与参数

根据滤波器的处理特点，可以归纳出下面几种基本的滤波器类型。

高通滤波器（high pass）：仅允许高于某个频率的信号通过。

　　低通滤波器（low pass）：仅允许低于某个频率的信号通过。

　　带通滤波器（band pass）：仅允许一定频率范围内的信号通过。

　　带阻滤波器（band stop）：阻止一定频率范围内的信号通过，又称陷波滤波器（notch filter）。

　　图 4.1 描述的是滤波器的理想状态。对一个实际的滤波器而言，它的通带与阻带（见图 4.1）之间存在一个信号增益的过渡区，因此我们需要通过一些具体参数来描述它的实际性能。

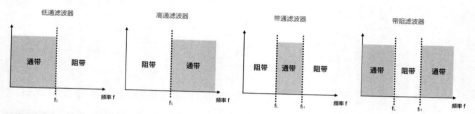

图 4.1　滤波器的类型

　　对于高通与低通滤波器而言，我们主要使用"截止频率"（cut-off frequency）与"滚降率"（rolloff rate）来描述它们的滤波特性。以图 4.2 中的一阶（单极点）低通滤波器为例，它对信号的低频部分保持接近 0dB 的增益[1]，直至某一频点开始出现明显的增益下降。在信号处理领域，我们把信号增益下降到 -3dB 的频点称为这个滤波器的截止频率。对常见的一阶低通滤波器而言，从截止频率开始，频率每增加一倍，增益约下降 6dB，即它的滚降率为 -6dB/octave（-6 分贝每倍频程，也就是 -20 分贝每十倍频）。对高通滤波器的描述也是类似的，只是滚降出现在信号的低频部分。

　　带通滤波器的特性主要使用"中心频率"（center frequency）、"通带宽度"（bandwidth）与"品质因数"（quality factor）（常称为"Q 值"）来描述。你可以把带通滤波器看作一个高通滤波器和一个低通滤波器的组合，因此，它应该有两个截止频率，这两个频率之间的部分称为通频带。根据定义，带通滤波器的中心频率是通频带中增益为 0 的频点，其两侧增益为 -3dB 的频点分别为通频带的开始频点与结束频点，而这两个频点的差值被定义为"通带宽度"（见图 4.3）。"中心频率"与"通带宽度"的比值被称为"品质因数（Q）"，当中心频率一定时，品质因数越大，则通带宽度越小，这意味着滤波器对频率的选择能力越强。

　　1　当然，实际滤波器中每一个频点的增益都会在一定范围内变化，这时可能使用"波纹幅度"来描述一个滤波器在截止频率附近的增益波动幅度。

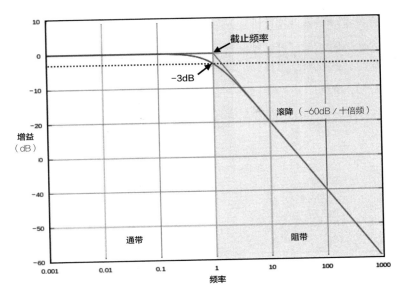

一阶滤波器的"增益 - 频率"变化曲线

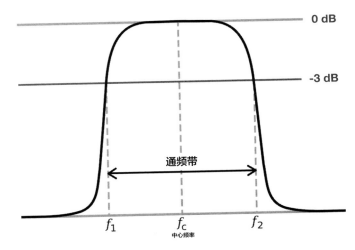

通频带的定义

4.1.2 滤波器的实现

　　Pd vanilla 的内建对象可以直接实现三种基本类型的滤波器,它们是低通滤波器【lop ～】,高通滤波器【hip ～】和带通滤波器【bp ～】。这里【lop ～】与【hip ～】拥有图 4.2 所示一阶滤波器的滤波特性,你可以通过【lop ～】与【hip ～】的冷端设定它的截止频率,而作为带通滤波器的【bp ～】则可以分别设定中心频率与品质因数 Q。

　　图 4.4 中的输入信号包含 1000Hz 与 2000Hz 的频率分量，经过滤波器【hip～1800】处理后，1800Hz 以下的频率将被衰减，当然，大多数滤波器对输入信号中的其他频率也有一定幅度的衰减。

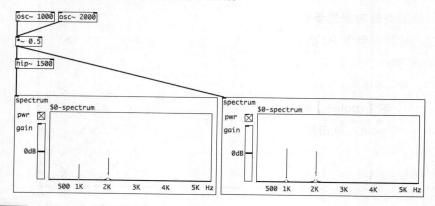

图 4.4　【hip～】的滤波效果

　　Pd 内置的【hip～】或【lop～】采用了 "-6dB 每倍频程" 的滚降速率，如果你希望得到更陡峭的滚降曲线，可以串联使用多个【hip～】或【lop～】，如图 4.5 所示，我们使用三个高通滤波器大幅衰减了白噪声信号（由【noise～】产生）中 1000Hz 以下的频率分量。而对于带通滤波器【bp～】，则可以通过调整 Q 值来获得陡峭的滚降曲线。

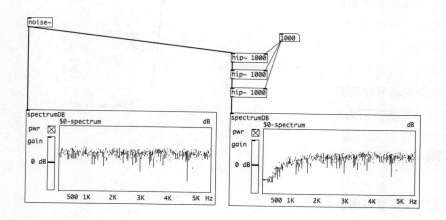

图 4.5　使用多个【hip～】获取陡峭的滚降曲线

　　对信号进行滤波处理通常会改变其电平，因此经常配合【*～】对其进行调整，也可以使用【dbtorms】以 dB 为单位调整信号增益。

　　【hip～】、【lop～】与【bp～】并不能实现所有的滤波器类型，比如均衡器中常用的"倾斜型滤波器"（Shelving Filter）或是"尖峰滤波器"（Peaking Filter）。Pd 的作者设计了一些以复数（Complex Number）作为参数的原始滤波器对象（Raw Filter），你可以通过它们组合出几乎所有类型的滤波器。不过原始滤波器对象的参数调整涉及复杂的数字信号处理知识，这里不作深入讨论。你可以参考 Pd 内置的教学示例 A "h11 Shelving"与"h12 Peaking"，这些基于原始滤波器对象的示例程序可以帮你观察不同参数下的滤波器特性。图 4.7 的程序来自 Pd 的内置教学示例"h11 Shelfving"，这里通过【rzero~】与【rpole~】构建了一个倾斜型滤波器（Shelving Filter），调整参数 zero 与 pole，点击按钮，你就可以通过数组窗口查看当前参数下的滤波器特性。

你也可以使用【biquad~】来实现滤波效果，【biquad~】是一个基本的数字信号运算对象，使用它构建滤波器需要一些数字信号处理方面的知识。Pd 的外部库"heavylib"使用【biquad~】对象实现了一些常用的滤波器，并可以使用中心频率、增益、Q 值等较为简单的参数。此外，"iemlib"等外部库也包含一些较容易使用的滤波器。

4.1.3 示例 14 直流偏移滤除器

高通滤波器的一个典型应用是解决音频信号的直流偏移问题。使用话筒或其他方式录制声音时，录制下的信号可能会包含一些直流成分。正常的音频信号总是围绕着一个基准点上下变化（Pd 的基准点是信号数值 0），直流成分会让信号的基准点上移或着下移，造成波形的整体上移或下移，这种现象被称为"直流偏移"（DC offset）。"直流偏移"在播放时可能不会被觉察，但它会影响信号动态范围的处理，以 Pd 系统为例，一个数值在 -0.5 ～ 0.5 之间的信号可能会因为引入直流成分而记录为 -0.4 ～ 0.6，这时如果对信号幅度加倍，就会产生削波（-0.8 ～ 1.2）。此外，播放包含直流偏移的信号意味着扬声器的振膜不能围绕平衡位置上下振动，这可能会影响扬声器的还音质量。

直流偏移可以通过高通滤波器来处理。信号的直流成分可以被理解为一个频率接近 0Hz 的频率分量，因此，对信号使用一个截止频率很低的高通滤波器就可以衰减直流成分。图 4.6 中，我们对【osc～1000】的输出信号（数值区间 -0.5 ～ 0.5）刻意进行了"+0.4"的处理，这会让信号数值在"-0.1 ～ 0.9"之间变化，从而模拟了一个直流偏移现象。使用截止频率为 5Hz 的高通滤波器【hip～5】进行处理后，信号数值回到围绕 0 的"-0.5 ～ 0.5"区间，直流偏移被滤除。处理"直流偏移"时，尽管低于 15Hz 的信号就不会被听到了，不过，考虑到滤波器对截止频率附近频率的影响，我们通常使用更低的截止频率。

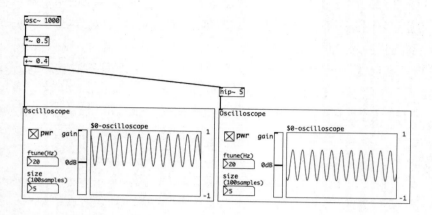

图 4.6　使用高通滤波器滤除直流偏移

4.1.4　示例 15 自动滤波器

在声音设计中，参数可以跟随控制信号实时变化的滤波器通常被称为自动滤波器，它可以实现周期性扫频效果或是哇音效果。自动滤波器的参数变化方案有很多，最常见的是根据输入信号的电平值来改变一个峰值滤波器的中心频率。简单地说，我们使用一个包络发生器来控制滤波器的中心频率，并监视输入信号的电平。一旦信号的电平超过一个特定值（常称为阈值），包络发生器就会工作，这会引起滤波器中心频率的变化，产生特殊的声音效果。

图 4.7 的程序所示，用【vcf～】与【env～】构建了一个简单的自动滤波器。【vcf～】是 pd 内建的滤波器对象，它可以实现带通或低通滤波。与【bp～】或【lop～】不同的是，【vcf～】可以使用"信号数值"来设置参数，这让我们能够使用【line～】的输出信号线性地改变滤波器的中心频率。如图 4.12 所示的程序中，当来自【inlet～】的输入信号电平高于设定的阈值时，就会触发【line～】持续输出一个改变滤波器中心频率的控制信号，直到输入信号的电平回到阈值以下。

除了使用滤波技术之外，数字音频系统还可以借助傅里叶分析技术获得更加精确而夸张的频率分量调整。我们将在本章的"4.4 傅里叶分析"部分对这种技术作出介绍。

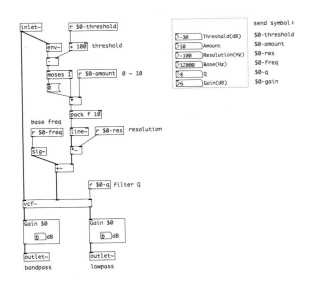

图 4.7 自动滤波器

4.2 延时

　　声波在传播过程中会由于障碍物而产生反射现象，这时同一个声音在一段时间内可能先后多次被我们听到。为了模拟上述现象，我们可以把一个输入信号延迟一段时间后再进行输出，这就是延时（delay）处理。早期的音频延时处理是基于模拟磁带系统的，它以机械方式来调整磁带的读取与播放位置，让两个读取单元以一定的时间间隔读取磁带上同一位置的音频信息，从而实现延时效果。

　　数字技术让延时处理变得十分简单，我们只要使用寄存器将当前的数据保存起来，并在需要的时间再次播放，就可以实现延时效果。延时处理可以模拟自然界的回声（echo），混响（reverb）等声学现象，也可以制作出合唱（chorus）、镶边（flanging）等增强声音质感的效果。在声音合成领域，延时处理也是"Karplus–Strong string synthesis"等物理建模合成技术的实现手段。

4.2.1 延时器的基本参数

　　延时器是最基本的信号延时处理设备，它的作用是将输入信号延迟一定时间后再进行输出（见图 4.8）。延时器可以带有反馈功能，反馈（feedback）是将延时后的信号进行衰减并再次送回输入口与输入信号混合的处理方式，带有反馈的延时器可以让延时处理循环进行，形成一个多次回声效果。

带反馈的延时器主要有两个参数：

延时值：输入信号与经过延时的信号之间的时间间隔，一般以毫秒为单位。一些立体声延时器允许你为左右两个声道设置不同的延时值，以增强声音效果。

反馈比例：反馈比例决定了已延时的信号被再次送入延时系统前的衰减系数。将延时信号直接送入延时系统可能导致输出信号在多次延时的过程中被不断放大，造成信号过载。因此，反馈比例通常使用一个 100% 以内的百分数。

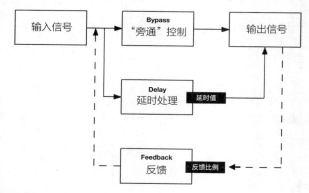

图 4.8　延时处理系统示意图

4.2.2　延时处理的实现

【delwrite ～】的功能是在计算机内存中创建一段存储音频数据的空间，这种空间只能被顺次写入或读取（而不像数组的存储空间可以通过索引值从任意位置读写），因此又被称为延时线（delay line）。延时线的名称与长度通过【delwrite ～】的参数设定，图中的延时线名为 "delay line"，它可以存储 3000ms 时长的音频数据。

我们通过【delwrite ～ delay line 3000】的输入口向延时线 delay1 写入数据。【delwrite ～】的数据写入是循环进行的，因此，前 3 秒的信号写满空间后，第 4 秒的信号会重新写入延时线头部，覆盖掉第 1 秒的数据。

【delread ～】的功能是从一个延时线中读取数据，它的第一个参数代表被读取延时线的名称，第二个参数决定了读取的延时值。具体来说，当【delwrite ～ delay line 3000】的写入位置位于 delay line 的第 x 秒时，【delread ～ delay line 1000】正在从 delay line 的第 x-1 秒位置读取数据，因此，从【delread ～ delay line 1000】输出的信号比输入【delwrite ～ delay line 3000】的原信号延时了 1000ms。你可以使用多个【delread ～】来以不同的延时值读取同一个【delwrite ～】创建的延时线。需要注意的是,【delread～】的延时值不能超过被读取延时线的长度,因此,如图 4.9 所示【delread～delay1 1000】的延时值应设定在 3000ms 之内。

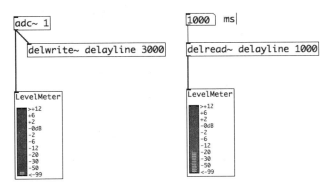

图 4.9 　使用【delwrite～】与【delread～】构建延时系统

　　图 4.9 中的程序可以制造一个单次回声效果。这里使用【adc～】获取输入信号。开启 Pd 的 DSP,通过话筒或其他设备输入一些信号,我们就能通过两个【VU meter～】的显示观察到信号的延时效果。你可以通过【delread～】热端的数字框改变信号的读取延时值,不过,如果改变延时值时 DSP 正在工作,输出信号就会因信号不平滑问题而产生杂音。因此,当我们需要一个可以实时改变延时值的延时效果器时,通常使用带有 4 点插值技术的【delread4～】[2]。

【delread～】与【delread4～】的最小延时值

　　【delread～】使用 ms 作为延时值的单位,不过, Pd 的音频信号处理是以信号块(block)为单位进行的,因此【delread～】的最小延时值等于一个信号块的时长(默认设置下约为 1.45ms(1s/44100*64)。如果需要更小的延时,比如延迟 1 个样点(sample),可以使用【biquad～】或者【fexpr～】。

　　带有插值技术的【delread4～】可以实现低至一个样点的延时,不过当延时值小于信号块的长度时,你需要把【delread4～】和【delwrite～】放置在两个相互连接的子程序中,这是因为 Pd 在进行每一次信号处理时,并不能保证【delread4～】的处理在【delwrite～】之后执行(假如对象【delwrite～】与【delread4～】之间没有信号连接线),如果把它们放置在两个相互连接的子程序中,则发出信号的子程序一定会先于接收信号的子程序被执行。你可以参考 Pd 的内置示例"G05 exectuion order"来获取详细说明。

2　早期 Pd 版本中的对象【delread4～】使用名称【vd～】

4.2.3 示例 16 带反馈的延时器

如图 4.10 所示的程序实现了一个带反馈的延时效果器。这里，延时系统使用【delwrite ～】与【delread4 ～】来构建。【delread ～ 4】的功能与【delread ～】基本相同，但它的延时值可以通过信号数值来实时调整，并且带有 4 点插值技术以避免因实时改变延时值而造成的输出信号不平滑问题。在图 4.15 的程序中，我们使用【line ～】的输出信号来线性的改变读取延时值。

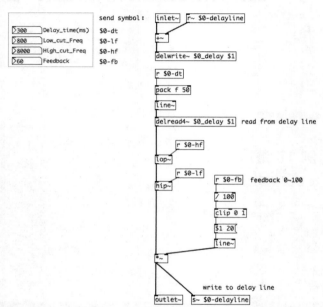

图 4.10 带反馈的延时器

反馈系统由【s ～ $0-delayline】实现，它负责将延时后的信号重新送回【delwrite ～】，因此延时信号将与当前的输入信号混合（mix）后再次延时，实现一种多次回声的效果。为了让反馈效果更加自然（模拟真实声波在反射与传播时不同频率分量的衰减），这里为【delread4 ～】的输出信号插入了高通与低通滤波器，并使用【* ～】来控制信号的反馈比例。

与本书示例 7 类似，这里使用 GUI 对象的"发送符"功能设置系统的延时值、滤波器的截止频率、反馈比例等，并使用"$0"来避免程序被多次调用时的名称重复问题。

现在，我们为音频播放器程序连接一个延时效果器。如图 4.11 所示，这里以"发送"方式使用了延时效果器，为其设定一个 200ms 以上的延时值，并从 0 开始缓慢地增加反馈比例，你就能听到经典的多次回声效果。借助滤波器的"高低切"功能，你可以仅对信号的部分频率进行延时处理。

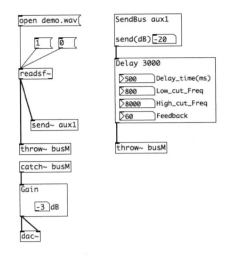

图 4.11 以"发送"方式使用延时效果器

4.2.4 示例 17 镶边效果器

在示例 16 的延时效果器中，如果我们设置一个很小的延时值（比如 100ms 以内），回声信号就会和原始信号混叠在一起，产生一种称为梳状滤波效应的声学现象。如果让延时器的延时值在 20ms 以内缓慢变化，由于梳状滤波效应，输入信号的频谱将有规律地改变，实现一种称为"镶边"（Flanging）的音频效果。

如图 4.12 所示的程序使用【osc ～】产生了一个围绕设定时值（delay time）

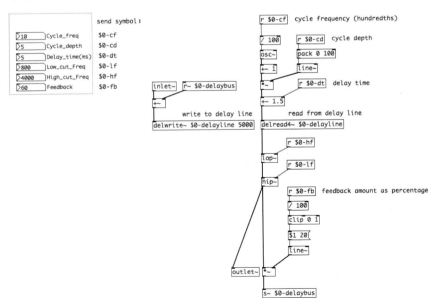

图 4.12 镶边效果器

往复变化的延时值,通过数字框"调制频率"(cycle freq)与"调制幅度"(cycle depth),你可以调整延时值的变化频率与幅度,实现一个典型的镶边效果。你也可以用【phasor～】发出的锯齿波或其他信号来控制延时值的变化。

如果需要功能更丰富的镶边效果器,可以参考外部库 heavylib(https://github.com/enzienaudio/heavylib)中的 flanger 程序。

4.2.5 示例 18 混响器

混响(reverberation)是一种声学现象,当声波在封闭空间传播时,空间中的各种障碍物会对声音进行多次反射与吸收,因此,即使声源已经停止发声,我们还是会听到由反射所形成的声音,直到所有声音的强度衰弱到低于我们的听阈,这种现象被称为混响。

分析混响现象时,我们可以把听到的声音分为三类:直达声、早期反射声与混响声。

直达声:直达声是我们听到的未经任何反射的声音。当声源开始发声后,它是最先被我们听到的声音。

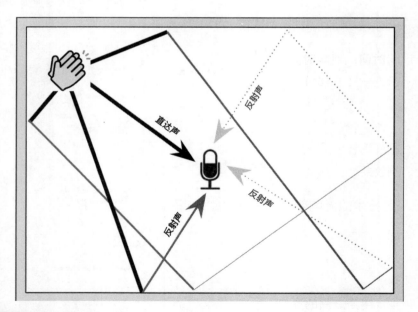

图 4.13 直达声反射声

早期反射声:当声源发声时,构成混响现象的前几次反射声很可能被清楚地听到,这些反射声被称为早期反射声。人脑可以通过早期反射声来判断空间的大小、形状等环境信息。因此,很多混响器都提供早期反射声的延时值控制,以更好地模拟声学环境。

　　混响声：早期反射声之后，随着反射次数的不断增加，大量的反射声会交织在一起，因此很难通过这些反射声得到具体的声音信息。不过，这些反射声的密度、频谱特征以及持续时间，仍然可能反映出空间的大小与材质特性。

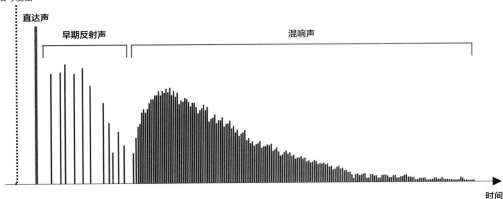

 图 4.14　混响现象

　　混响时间：混响时间常被定义为从声能稳定开始，声能密度降为原来的一百万分之一（$1/10^6$）时所需的时间。简单地说，在声源发声稳定时测出一个声压级，之后从切断声源开始，测量出声压级衰减 60dB 的时间就是混响时间。

　　根据混响现象的形成原理，我们可以使用多个延时值不同的延时器来模拟一个混响效果。

基于延时技术的混响效果器

　　如图 4.15 左侧的程序所示，我们使用了 4 个延时值不同的延时线来模拟早期反射声（左侧），这里，延时较短的信号会被执行多次延时处理，以增强反射声的密度。

　　早期反射声之后的混响声可以用带有反馈的延时效果器来模拟。如图 4.15 所示，我们以带有早期反射声的信号作为输入信号，使用延时线"loop-dl1"和"loop-dl2"对它进行延时处理，而处理结果再次发送给"loop-dl2"和"loop-dl1"，构成一个相互反馈，这里，为了获得更自然的效果，使用【-～】对"loop-dl2"的输出信号进行了反相。

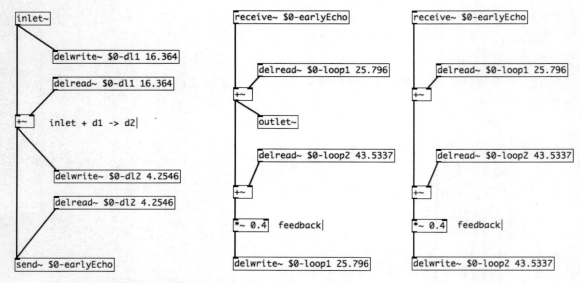

图 4.15 使用延技术构建混响器

模拟混响声时，反馈系数决定了每次反射前后的信号强度变化，因此可以影响到混响时间。需要注意的是，由于使用了多次延时处理，信号的能量会在混响过程增强，在图示程序中，0.7 以上的反馈系数可能产生信号过载。

Pd 的 内 置 示 例 "Pure Data/audio examples/G08.reverb"（见图 4.22）构建了一个更加复杂的混响器。这里，输入信号被分为两个通道进行处理，在早期反射声部分，两个通道分别进行了多次不同延时值的处理，并在每次处理时对一个通道的信号相位进行调整以增强反射声的密度（见图 4.16）。混响声部分对两个通道进行了相互的反馈发送，这里使用高于 0.5 的反馈系数（程序中对应参数 100）可能造成信号过载。

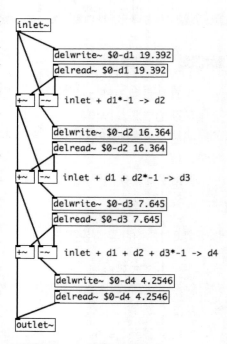

图 4.16 对信号进行反相[3]

---

3 这里左侧输入信号与右侧输入信号通过【- ～】来"相加"，这等效于将右侧输入信号乘以"-1"来反相后再与左侧信号相加。

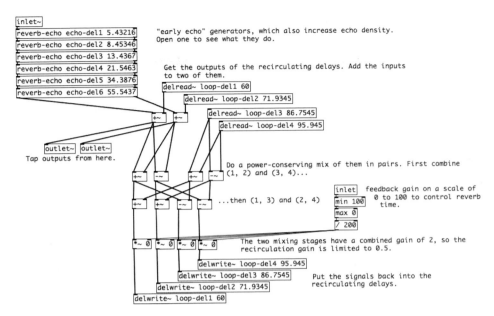

图 4.17 程序来自 Pd 内置示例 G08.reverb

作为一种常用的音频效果器，Pd vanilla 的 extra 文件夹中内置了三个混响器程序【rev1 ～】、【rev2 ～】、【rev3 ～】，其中一些混响器包含交界频点（crossover），与高频衰减系数（HF damping）的调整，它们可以让信号的高频部分在混响处理中更快的衰减，以模拟真实环境下的声学现象。你也可以通过外部库获得一些混响器对象，比如外部库 PDDP 中的【freeverb ～】。

使用延时技术制造出的混响效果十分"明显"，但却不够真实。这是由于声音的每个频段在空间中的反射情况都是不同的，而延时的具体参数也没有理想的测量方式。在声音设计行业，我们经常使用一类称为卷积混响器的效果器来制造更为真实的混响声。卷积混响器通过对信号进行卷积运算（convolution）来产生混响效果，它可以使用录制自真实声学空间的数字样本【又称为脉冲响应（impulse-response）文件】作为运算参数，这一方法有效地提高了混响效果的真实度，但其运算复杂度也较高，因此无法在性能较低的平台上实现实时处理。Pd 外部库 bsaylor 中的对象【partconv ～】可以实现卷积运算，它的工作原理可以参考本章"4.4 傅里叶分析"。

4.3 动态范围处理

动态范围（dynamic range）是一个广义概念。对音频设备而言，它通常被定义为设备所能正确处理的最大不失真信号与设备本底噪声之间的电平差。而从声音制作的角度，动态范围则用来描述一段音频信号中最强部分与最弱部分的电平差[4]。

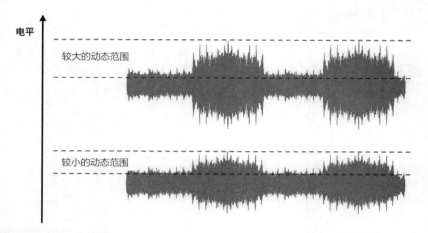

图 4.18 音频信号的动态范围

在一个音频系统中，由话筒输出的音频信号可能具有较大的动态范围（比如 70dB 以上），而早期的信号记录与传输设备却只能在较小的动态范围内保证信号的处理质量。另一方面，听众有时无法在安静的环境下聆听声音，这时较大的动态范围可能带来不好的听感效果[5]。上述因素让信号的动态范围压缩成为音频处理中一个重要的环节。而随着音乐制作行业的发展，通过调整动态范围来美化人声，在混音工作中处理各声部的层次，提升作品的听感响度更是让动态范围处理成为一种极富内涵的声音设计手段。

实现动态范围处理的一类设备被称为动态范围处理器（dynamics processors），它们曾经由模拟电路构成。数字音频系统普及后，厂商开始开发使用计算机 CPU 进行动态范围处理的软件产品。动态范围处理器可以根据工作方式与用途被分为压缩器（compressor）、限制器（limiter）、噪声门（noise gate）等，压缩器是动态范围处理器中最为常见的设备，这里对它的主要参数与工作原理进行简单的介绍。

4　对数字音频信号而言，通常是指信号的方均根值电平差（RMS level），因为我们更关心信号听感上的响度差。不过在讨论信号是否能被音频设备正确处理时（比如某个信号是否会超过音频设备的动态范围），我们就会使用峰值电平（peak level）。

5　举例来说，进行扩声时，信号的最大扩放响度将由扩声系统的功率决定，如果信号的动态范围很大，那么信号中较弱部分的扩放响度就可能低于系统噪声或者环境噪声。如果需要提高信号较弱部分的扩放响度，首先要缩小信号的动态范围。此外，在一些场合，我们可能希望音乐作为一种听觉背景来制造气氛，这时，较小的动态范围更容易营造这种感受。

4.3.1 压缩器的基本参数

压缩器（compressor）的主要功能是根据输入信号的电平自动调整自己的增益，从而缩减输出信号的动态范围，实现动态范围压缩。压缩器的两个主要参数是"阈值"（threshold）与"压缩比"（ratio）。

阈值（threshold，又称临界电平）：阈值是一个信号电平值，当输入信号的电平超过这个电平值时，压缩器就会对输出信号进行压缩处理。对数字信号而言，压缩器的阈值可以是方均根值电平，也可以是峰值电平或其他统计方式下的电平值。专业用户可以根据录制对象的声音特点与压缩手法来选择信号电平的类型。

压缩比（ratio）： 压缩比决定了压缩器对信号的压缩幅度。它的定义是"输入信号与阈值的电平差"与"输出信号与阈值的电平差"的比值。压缩比越大，信号被压缩的幅度越大。

如图 4.19 所示，图中显示了不同"压缩比"下压缩器输入与输出信号的电平关系。这里的水平方向代表被送入压缩器的输入信号电平，垂直方向代表经压缩器处理后的输出信号电平。如图 4.19 所示，当阈值与压缩比分别为 20dB 和 4:1 时，输入一个 20dB 以内的信号，压缩器将不会启动（压缩器的增益为 0dB）。如果输入信号提升为 60dB，即超出阈值 40dB，那么压缩器的增益会降为 -30dB，这样，压缩后的输出信号为 30dB（60dB-30dB），只超出阈值 10dB，压缩比为 4:1（40dB:10dB）。

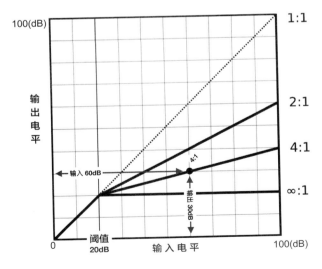

图 4.19 压缩器的参数定义

　　除上述主要参数外，压缩器还可能包含下面的参数：

增益（gain）：压缩器的功能是压缩信号的动态范围，但它对输出信号的增益并不总在 0dB 以内。在数字系统中，我们需要保证信号最强部分的峰值电平处于系统的满刻度电平 0dBFS 之下。因此，使用压缩器减小了最强部分的电平后，我们就有空间提升输出信号的整体电平。大部分压缩器会提供一个可调的增益参数用以提升输出信号的电平，一些压缩器还会根据当前的阈值与压缩比计算出一个合理的增益值来自动设置输出信号的增益，这项功能常被称为"补充增益"（Makeup Gain）或"自动增益调整"（Auto Gain）。开启"补充增益"后，对阈值或压缩比的调整将会自动改变压缩器的输出增益，这时，我们能够通过压缩动态范围来有效地提升信号响度。

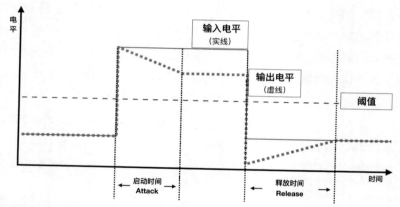

图 4.20　启动时间与释放时间

　　如果输入信号的电平总是在阈值上下变化，频繁启动的压缩处理可能导致让人不悦的"声音抖动"。为了解决这一问题，很多压缩器加入了"启动时间"与"释放时间"功能，这些参数能让输出信号的电平在一定时间内逐渐达到由压缩比决定的目标数值。具体来说：

启动时间（Attack）：当输入信号的电平超过阈值时，压缩器并不会立刻将信号电平减小至目标数值，而是让信号经过一段时间逐渐达到需要的减小量，而"启动时间"就决定了这段时间的长短。启动时间的设定十分重要，因为许多声音的音头（比如朗读时每个字或演奏乐器时每个音的发声瞬间）可以明显地影响声音的音质或音色。

恢复时间（Release，又称释放时间）：当输入信号的电平超过阈值后又再次回到阈值以下时，压缩器将逐渐减小信号的压缩量，直至不对其进行处理。恢复时间并不像启动时间那样会对声音造成明显的影响，因而许多压缩器拥有自动设置恢复时间的选项。

预处理（Look-ahead）： 启动时间的使用让信号的压缩可以"更柔和"地进行，但这也意味着一个电平瞬间大幅增强的信号可能无法被及时压缩。为了解决这个问题，我们可以使用"预处理"技术，让压缩器在信号上升到来之前，提前开始压缩过程，如此一来，当电平超过阈值的一刻到来时，信号的压缩幅度已经接近目标值了。预处理主要借助延时技术来实现，简单地说，压缩器依然对输入信号的电平进行检测以作出是否执行压缩的决定，但被压缩并最终输出的信号则是输入信号的延时信号。因此，预处理技术会为信号处理带来延时，这可能会影响一些实时效果。

4.3.2 示例 19 压缩器

如图 4.21 所示的程序模拟了压缩器的工作原理。这里使用【env ～ 】来获得输入信号的电平，并使用【moses】判断输入电平是否超过阈值。对象【expr】是 Pd 中的运算模块，它可以运算一个给定的代数式，并使用"$fn"来代表自身第 n 个输入口的数值。在图 4.21 的程序中，$f1、$f2、$f3 分别对应了输入信

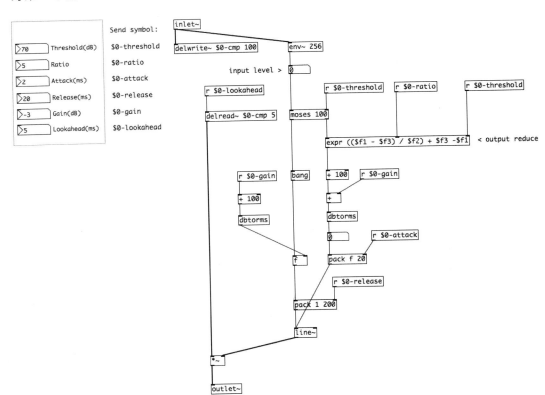

图 4.21 压缩器的实现

号电平、压缩比、压缩器阈值三个参数，因此"（\$f1-\$f3）/\$f2+\$f3"的结果是压缩后的目标电平值，而"（\$f1-\$f3）/\$f2+\$f3-\$f1"则是信号当前电平值与目标电平值的差值，也就是压缩器需要对输入信号进行衰减的电平值，这个值经过【+100】与【dbtorms】的处理最终得到一个方均根值形式的信号衰减系数。

对输入信号的衰减由【*～】来实现，配合【line～】的控制就可以模拟压缩器的启动与恢复时间。由于启动时间可能会让瞬间出现的高电平信号无法被及时衰减，因此这里使用【delwrite～】与【delread～】构建的延时线来实现压缩器的预处理（lookahead）功能。此外，这里的压缩器程序还带有调整输出信号增益的功能。

现在，我们使用如图 4.21 所示的压缩器对一个输入信号进行处理。如图 4.22 所示，我们使用两个数组来对比原始信号与压缩后信号的波形。开启 Pd 的 DSP，按下"record"键并向音频接口输入信号（比如对内置话筒大声讲话），你就可以观察到压缩器的处理效果。

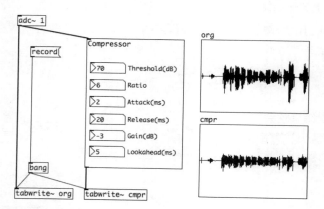

图 4.22 压缩器的效果

在上面的示例中，压缩器的工作方式可以理解为根据信号自身的电平变化来控制信号的播放音量。事实上，我们也可以用一个信号的电平变化来控制另一个信号的音量，即当信号 A 的电平超过设定的阈值时，压缩器会按照压缩比来减小信号 B 的电平，我们称这种压缩方式为侧链（side chain）。

在音乐制作中，侧链压缩的常见用法是基于节奏部分的信号电平变化来对旋律部分的音量进行自动控制。这可以实现一种旋律随着节奏摆动的效果。而在交互式系统里，我们可以使用光线亮暗、压力大小，或者物体加速度等物理量的变化作为输入信号，以此控制一个音频信号的音量或其他效果器参数。当然，获取这些物理量需要音频程序与各种控制器、传感器建立通信，我们将在第 6 章介绍这方面的技术。

4.4　傅里叶分析

我们已经在"3.13 示例 10 频谱分析器"一节介绍过傅里叶分析技术，在数字系统中，它通常基于一种称为"快速傅里叶变换"的算法来实现。构建频谱分析器时，我们只是使用【rfft ～】获得信号各频率分量的幅值，并在数组中显示它们，而现在我们将修改频率分量的幅值，并使用修改后的数据合成一个新的信号，这可以实现 FFT 滤波器（FFT filter）、卷积效果器（convolution）、声码器（vocoder）等音频效果器。

4.4.1　快速傅里叶变换与逆变换

【rfft ～】的快速傅里叶变换（FFT）算法可以获得输入信号的频率分量。在默认的信号块长度 64 个样点下，【rfft ～】的每次分析都基于 64 个连续样点进行，而对【rfft ～】的输出结果取模后，我们将得到 32 个表示频率分量幅值的数（如图 4.23 所示）。由于频域分析的分辨率约为 689.062Hz（44100Hz/64）因此，当被测信号的频率等于 689.062Hz 的整数倍时，输出结果中将有一个数值明显较大的数（如图 4.23 所示【print ～ A】输出结果中的"32"），这表示输入信号在这个数所代表的频率点上存在频率分量。不过，当输入信号的频率不是 689.062Hz 的整数倍时，测量结果就会包含一些"虚假的"频率分量（如图 4.23 所示【print ～ B】的输出结果），从而影响到傅里叶分析的准确性，这种现象被称为频谱泄漏。

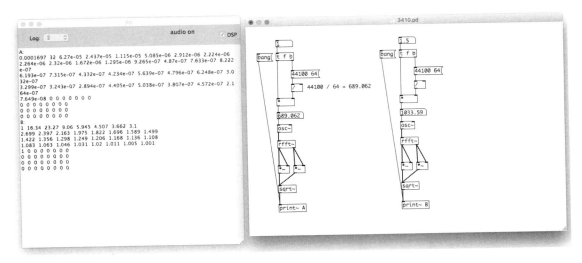

图 4.23　【rfft ～】的输出

　　增加每次分析的样点数目可以缓解频谱泄漏问题，比如使用【block～4096】将程序的信号块（block）长度设置为 4096 个样点，这可以将频域分析的分辨率提升为 10.767Hz(44100Hz/4096)。此外，我们还会使用一个窗函数来处理需要分析的样点，这种方式可以进一步缓解频谱泄漏问题。下面介绍一种音频信号分析中常用的窗函数——"汉宁窗（hann window）"。

　　如图 4.24 所示的程序产生了一个"汉宁窗"函数，它被存储在与信号块等长度（64 个样点）的数组 hann 里。对象【samplerate～】可以获取 Pd 音频系统的采样率，如果你改变了程序的信号块长度，可以修改【/ 64】的除数来产生相应长度的汉宁窗。

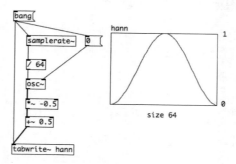

图 4.24 　汉宁窗的产生

　　进行傅里叶分析时，汉宁窗的使用方法是和被分析的信号块相乘，这一方式被称为"加窗"。由于汉宁窗的长度等于信号块的长度，因此每个信号块恰好会被一个汉宁窗"截取"，这有点像给每个信号块都加入一个"淡入淡出"的振幅包络，让信号块开头和结尾的样点数值趋向于 0。如图 4.25 所示的程序使用【tabreceive～】实现了被测信号与汉宁窗函数的相乘。【tabreceive～】的功能是从目标数组中取出一个信号块长度的样点序列，配合【*～】使用时，被测信号的样点就会和 hann 数组中的样点逐个相乘，从而实现了信号块的"加窗"。

　　使用汉宁窗后，每个信号块开头与结尾的信号将不会按照原本的数值被分析，因此，我们需要使用【block～】来设置交叠取样参数（参考"3.1.3 示例 10 频谱分析器"一节），如此一来，第一个信号块中被汉宁窗衰减掉的样点（位于信号块开头和结尾的样点），就会在下一个（以及上一个）区块中被正常地分析。在本书"5.7 粒子合成"一节中，你还将看到"汉宁窗"与"交叠取样"的组合应用。

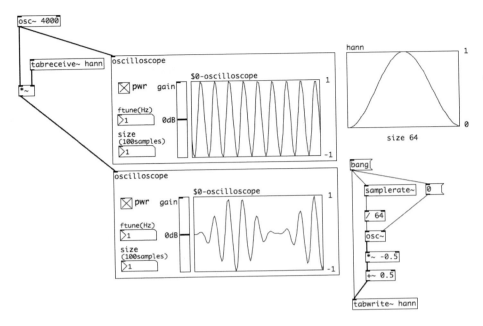

图 4.25 信号的加窗

现在，我们对分析结果使用对象【rifft～】，这个对象可以实现傅里叶变换的逆变换，也就是把一系列频率分量合成为一个信号。图 4.26 展示了【rifft～】的处理结果。

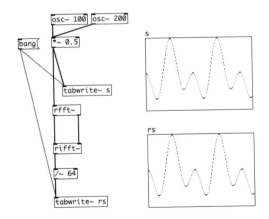

图 4.26 使用【rifft～】重新合成信号

4.4.2　示例 20 基于快速傅里叶变换（FFT）的滤波器

基于傅里叶分析技术可以实现一个滤波器。Pd 的内置示例 "I03 Fourier Resynthesis"（傅里叶合成）（见图 4.27）展示了这种滤波器的构建方法。示例使用了汉宁窗来优化分析效果，并通过【block ～ 512 4】让 Pd 对信号块进行 4 次交叠处理，即每两个连续的信号块中都有 128 个（512/4）样点是重复的。

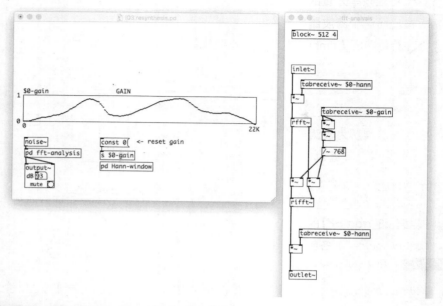

图 4.27　基于"快速傅里叶变换"的滤波器

如图 4.27 所示的程序使用一个数组 $0-gain 来调整每个频率分量的振幅，并将调整后的频率分量送入【rifft ～】进行逆变换，如此一来，我们就对输入信号的频谱进行了修改。这里使用【tabreceive ～ $0-gain】让数组 $0-gain 中一系列代表频点增益的数值分别与分析所得的一系列频谱分量相乘。为了增加调整幅度，这里对数组 $0-gain 的输出数值进行了 4 次乘方处理，并通过【/ ～ 768】解决 FFT 算法带来的幅值放大问题。通过对图形化数组 $0-gain 的绘制操作，我们可以精确而夸张地调整信号各频点的增益，模拟各种类型的滤波效果。

4.4.3　示例 21 声码器

声码器（vocoder）原本是一种用于语音信号分析与通信的设备，由于它能产生特殊的声音效果，因此在电子音乐创作中广泛使用。声码器由编码和解码系统组成，编码系统借助滤波器分析出一段语音信号在不同频段的振幅变化，解码系统则使用这些变化的振幅值去调整相应振荡器的增益，并重新合成出语音信号。由于声码器仅对信号中的部分频率分量进行分析与还原，因此可以缩减通信带宽，并实现信号加密。而在声音设计中，我们可以刻意改变这些代表各频率分量振幅变化的数值，甚至用一个信号各频率分量的振幅变化去影响另一个信号对应频率分量的增益，这种处理可以理解为对输入信号使用了一个动态滤波器，而这个滤波器的参数将根据控制信号的频谱来实时变化，上述技术又被称为音色冲压（timbre stamping）。

如图 4.28 所示的程序来自 Pd 内置示例的 "Pure Date/audio examples/I06 Timbre Stamping"，该程序展示了一个经典声码器的实现方法。这里，程序窗口中的信号块长度被设置为 1024 个样点，交叠取样参数为 4。声码器的输入信号（也可以理解为被滤波信号，即图中由 "filter input" 输入的信号）由左侧【inlet～】输入，其经过【tabreceive～】进行 "加窗"，之后由【rfft～】得到各频率分量的复数表示。输入信号的频率分量数据被分为两部分，一部分通过【*～】改变幅值后送入【rifft～】以重新合成信号；另一部分则使用【*～】、【+～】与【q8_rsqrt～】的组合来求出模的倒数[6]，并将结果与右侧控制信号（图中 "control source"）各频率分量的振幅值相乘，最终得到的数值将作为各频点的增益值（图 4.33 中为 1024 个，这里仅前面的实数部分有效）与左侧输入信号的各频率分量相乘，从而改变其频谱。

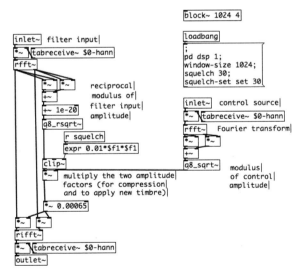

图 4.28 "音色冲压" 的实现

这里具体分析图 4.28 所示程序的信号处理过程。通过对傅里叶分析的结果

---

6 【q8_rsqrt～】可以对输入数值开平方并求取其倒数，这里的 q8 代表其运算只有 8bit 精度。在 Pd 0.47 版本中，你可以使用【rsqrt～】来实现 20bit 的运算精度。

求模的倒数，我们为输入信号的各频率分量加上了一个与其振幅成反比的增益。简单地说，这组增益可以"抑制"输入信号的频谱变化，让它趋向于一个白噪声信号，而【clip ～】可以将增益控制在一定范围内，并通过【r squelch】来调整"抑制"程度。为了避免求取倒数时出现除数为 0 的情况，程序中使用了【+ ～ 1e-20】。通过分析输入信号得到的增益将与控制信号各频率分量的振幅相乘，再用来控制输入信号的频率分量。最后，由【rifft ～】重新合成出的信号将再次加上汉宁窗，以避免输出信号在时域交叠相加时出现信号不平滑的情况。

声码器可以让一个信号模拟另一个信号的频谱变化，产生一种音色混叠的效果。实际使用时，我们可以让两个信号来自于不同的音频文件或使用实时输入的音频信号，需要说明的是，图 4.29 的声码器程序仅分析了信号各频率分量的振幅变化，而没有涉及相位变化的处理。Pd 内置示例"Pure Data/audio examples/I07.phasor.vocoder.pd"展示了一种相位声码器的实现方式，这种技术可以产生时间压缩或拉伸的效果。

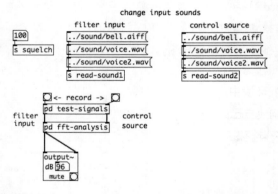

图 4.29 Pd 内置示例"I06 timbre stamping"构建的声码器

第 5 章

声音合成技术

　　声音合成器（Synthesizer）是一种通过电信号来产生声音的电子乐器，它的起源可以追溯到 19 世纪末人们对电子振荡器的研究。早期的合成器主要由振荡、滤波等基本电路构成，它们基于加法、减法等声音合成技术创造了一系列经典的音色。模块化合成器中的振荡器、滤波器、包络发生器等功能单元以模块（modular）的形式存在，用户可以通过连接模块来设计自己的音色。

　　计算机音频技术的发展让基于硬件电路的合成器模块开始软件化。在 Pure Data 这样的开发环境中，我们使用程序来实现传统合成器模块的功能，并用这些虚拟的模块来构建自己的合成器。尽管声音合成器的形式发生了变化，加法、减法、调频这些来自模拟时代的声音合成技术却依然被数字化的声音合成程序使用。另一方面，数字技术的发展也促成了波表、样本、粒子等声音合成技术的出现。

　　在这一章里，我们将介绍减法合成、加法合成、调频合成、波表合成、样本合成、粒子合成等常见的声音合成技术，并使用它们在 Pd 中构建各种声音合成器程序。

5.1　基本波形的实现

　　在模拟时代，声音合成器的信号源通常是一个产生特定波形的振荡器，改变振荡器的输出波形就可以改变合成器的音色。上述技术在数字音频系统中同样适用，这里介绍几种典型波形在 Pd 中的实现方法。

5.1.1　正弦波

　　正弦波（sine wave）通常被定义为最基本的音频信号，其频率分量只包含基波，因而在听感上是一个清澈的纯音。Pd 的【osc ～】可以产生一个正弦

波，它的热端可以设置信号的频率，冷端可以调整信号的发生相位。严格的说，
【osc～】是一个余弦信号发生器，它的初相位对应着信号值"1"。当你希望两
个【osc～】发出带有一定相位差的信号时，可以向它们的冷端同时发送两个不
同的相位参数（见图 5.1 及图 5.2）。

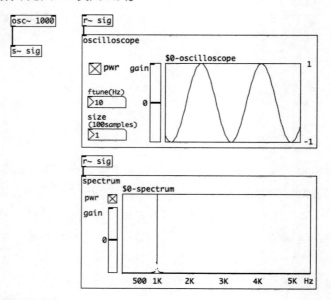

图 5.1 正弦波发生器

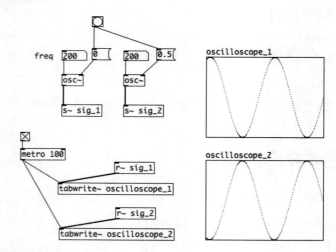

图 5.2 带有相位差的两个信号

5.1.2 方波

方波（square wave）的波形呈现出垂直的上升与下降。从频域上看，它的

频率分量是所有频率为基波奇数倍的奇次谐波。Pd 中没有内建产生方波的对象，
我们可以通过"截取"一个大幅值的正弦信号来产生它（见图 5.3）。

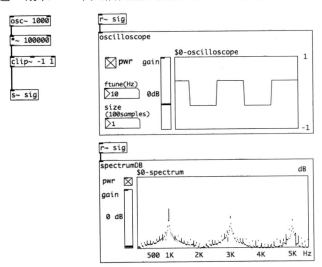

图 5.3 方波发生器

5.1.3 锯齿波

锯齿波（sawtooth wave）的波形呈锯齿状，其频率分量是所有频率为基波
整数倍的谐波。Pd 的【phasor ～】可以直接产生一个锯齿波信号。它的热端可
以设置信号的频率，冷端可以调整信号的发生相位（见图 5.4）。需要注意的是，

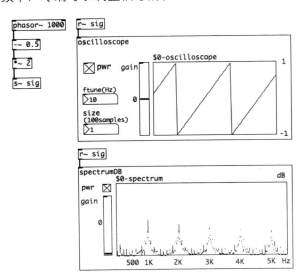

图 5.4 锯齿波发生器

【phasor～】输出的信号值在"0～1"之间，并不对应Pd的完整信号范围（-1～1），但这种设计让【phasor～】的输出便于作为播放索引控制信号，你会在本章的"5.5波表合成"与"5.6样本合成"技术中看到这一使用方式。

5.1.4　三角波

　　三角波（triangle wave）的波形不像方波与锯齿波那样包含垂直的上升或下降部分，从频域上看，它的频率分量是所有频率为基波奇数倍的奇次谐波。与方波相比，三角波的谐波幅值随频率升高而更快地衰减，因此在听感上比方波柔和一些。Pd 中没有内建产生三角波的对象，我们可以通过处理【phasor～】的输出信号来实现它（见图 5.5）。此外，Pd 的内置教学示例"J05.triangle"提供了一种斜率可调的三角波合成方法。

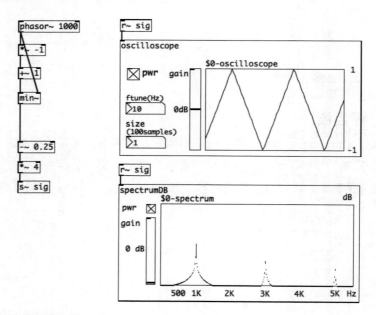

图 5.5　三角波发生器

5.1.5　白噪声

　　严格地说，白噪声（white noise）不属于一种波形，不过它经常被用做合成器的信号源。白噪声没有周期性，因此没有音高。从频域上看，理想的白噪声应该在任意频带上都存在等功率的信号，而在数字系统中，白噪声的频带通常在奈奎斯特频率之内。Pd 的【noise～】可以产生白噪声信号，由它输出的信号数值在"-1 ～ 1"之间随机变化（见图 5.6）。

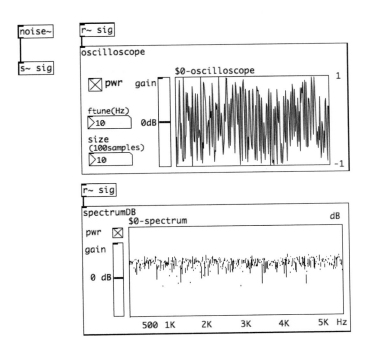

图 5.6 白噪声发生器

5.1.6 示例 22 基本波形发生器

正弦波、方波、三角波、锯齿波听上去各有特点，有时我们会直接使用这些基本波形的音色。如图 5.7 所示的程序为示例 7 的 "SoundGenerator" 加入了波形选择功能，让它能够使用基本波形的音色。

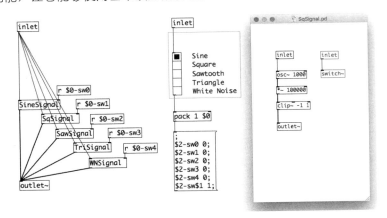

图 5.7 使用基本波形发生器构建的 "SoundGenerator"

当然我们也会在基本波形上进行处理，下面介绍的减法合成技术就是通过基本波形产生丰富音色的典型方案。

5.2　减法合成

减法合成（subtractive synthesis）的思路是从一个复杂信号中"减去"不想要的频率分量，这种处理可以通过信号发生器和滤波器来实现。早期的减法合成器主要使用压控滤波器（voltage-controlled filter，简称为 VCF）来处理谐波丰富的锯齿波、方波等基本信号。随着模块化合成器的发展，各种合成技术产生的信号都可以成为减法合成的信号源。（见图 5.8 及附录 4 全书彩图中相应彩图）

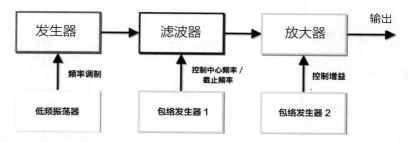

图 5.8　典型的减法合成系统

图 5.8 展示了减法合成器的典型构成。这里，信号发生器部分由一个基本波形发生器和一个低频振荡器（LFO）构成，低频振荡器会对波形信号的频率进行调制，这可以实现一种颤音效果。两个包络发生器分别改变滤波器的中心频率（或截止频率）与输出信号的振幅，这种处理能够让合成音色产生丰富的变化。

5.2.1　减法合成的实现

图 5.9 展示了减法合成在 Pd 中的实现方法。这里被低频振荡器（【osc ～ 5】）调制后的锯齿波信号通过滤波器【vcf ～】实施带通滤波处理。两个 ADSR 包络发生器【adsr ～】（来自 Pd 的内置示例，你可以在 Pd "帮助浏览器"的"Pure Data /audio examples/"下找到这个程序）分别控制滤波器的中心频率与输出信号的振幅。收到音符信息时，两个包络发生器被同时触发，音色的泛音与强度将同时变化。你也可以使用三角波、方波或者白噪声代替【phasor ～】作为信号源。

5.2.2　示例 23 减法合成器

这里为示例 22 的基本波形发生器加入一个【vcf ～】模块，让它成为一个典型的减法合成器，为产生"陡峭"的包络线，这里对【adsr ～】的输出信号进行了平方。

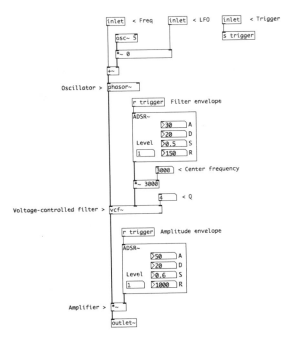

图 5.9 减法合成的实现

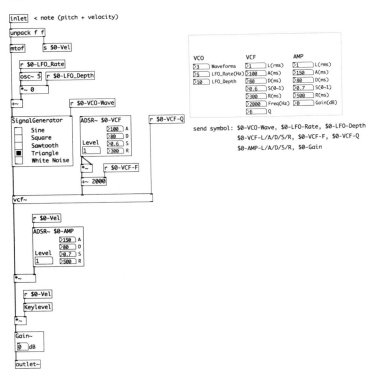

图 5.10 减法合成器

5.3 加法合成

　　根据傅里叶级数理论，一个周期信号可以用一组特定参数（频率、幅值、相位）的正弦信号组成，这意味着一个乐音的波形可以看作一系列正弦波形的组合。反过来讲，我们可以使用叠加正弦波的方式来合成各种音色，这就是加法合成（Additive Synthesis）的理论基础。

5.3.1 加法合成的实现

　　图 5.11 中的程序展示了加法合成在 Pd 中的实现方法，这里使用【+～】将三个不同频率、不同振幅的正弦信号混合起来，合成出一个包含三个频率分量的信号。

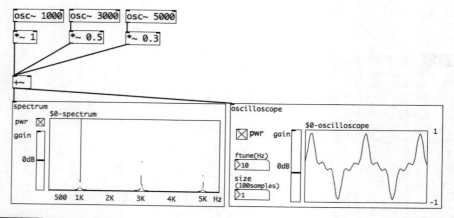

图 5.11 加法合成的实现

　　乐音由一个代表音高的基音和一系列谐音组成，在使用加法合成时，如果无规则的设置每一个正弦信号的频率，你可能会听到多个不同音高的纯音或是一个无法辨别音高的噪音。如果要合成一个音高稳定的音色，就需要让这些正弦信号的频率接近整数倍关系。

　　如图 5.12 所示的程序中，我们按整数倍关系设置了一系列【osc～】的频率，改变第一个【osc～】（基音）的频率，其他【osc～】的频率也会按比例变化，这让合成出的信号在听感上总是具有稳定的音高。如果需要，我们也可以为每个正弦信号的频率加入一个较小的偏移值，来模拟乐器的失谐效果。另一方面，调整各个正弦信号的振幅可以实时改变音色，图 5.12 的程序使用对象【random】为每个正弦信号设置了一个随机的幅值，每次点击按钮对象，合成出的音色就会改变，我们可以通过示波器与频谱分析器查看信号的波形与频谱变化。需要注意的是，混合多个【osc ～】的输出信号可能产生超过 Pd 有效范围（–1 ～ 1）的信号数值，这里使用【* ～ 0.1】对合成信号的幅值进行处理[1]。

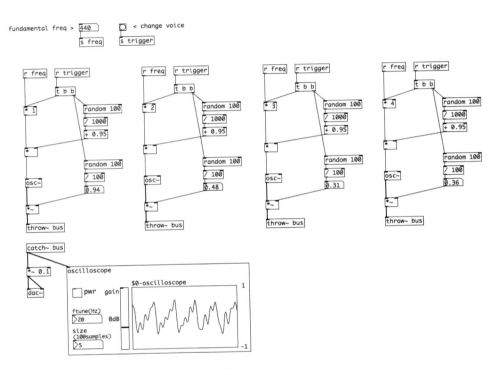

图 5.12 使用多个【osc ～】实现加法合成

使用加法合成时，各正弦信号之间的相位关系也会影响合成信号的波形。图 5.12 的程序并不能保证各正弦信号的初始相位一致性，如果对其使用具有较快建立时间 Attack 与衰减时的 Decay 的振幅包络，合成音色的音头可能会不稳定。确保多个正弦信号相位一致的常用方法是组合使用【phasor ～】与【cos ～】，【cos ～】可以把一组线性变化的数值（"0~0.5~1"，或是"1~1.5~2"，"2~2.5~3"……）转化为按余弦曲线变化的值（1~-1~1）。

举例来说，如果将【phasor ～ 10】的输出信号乘以 2 再发送给【cos ～】（这时【phasor ～】的输出信号会在一秒内执行 10 次"0 ～ 1"以及"1 ～ 2"

1　图 5.12 中多个【osc ～】的信号全部连接着【* ～ 0.1】的热端，这些信号将被叠加（而不是相乘）后，再乘以"0.1"。

的线性变化），就会产生一个 20Hz 的正弦信号。而用一个【phasor ～】与多个【cos ～】组合就可以构建出初始相位一致的加法合成系统（见图 5.13）。

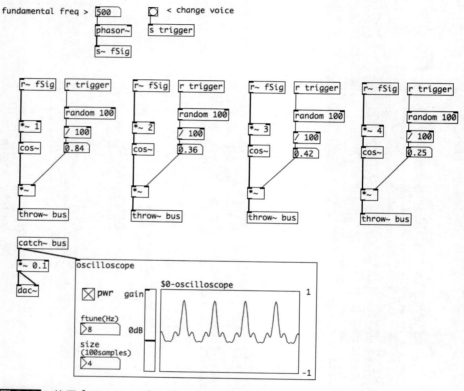

图 5.13   使用【phasor ～】与【cos ～】实现加法合成

5.3.2   示例 24 加法合成器

如图 5.14 所示的程序实现了一个加法合成器。这里使用【phasor ～】与【cos ～】组合出 4 个正弦信号发生器，每个发生器都可以使用不同的"ADSR"包络。各发生器的振幅可以通过数字框"level_1 ～ level_7"调整。

使用加法合成器时，我们经常需要同时改变多个发生器的参数，这时可以使用【qlist】以文本方式批量修改多个对象的参数值。【qlist】可以根据预设的时间间隔自动发送一系列信息，Pd 的内置教学示例"D13 addtive.qlist"展示了使用【qlist】控制加法合成器的方法（见图 5.15）。

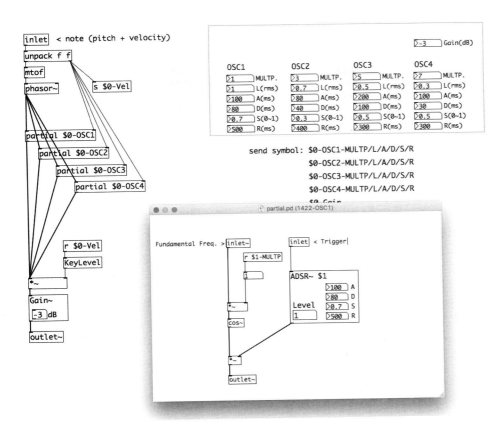

图 5.14 加法合成器

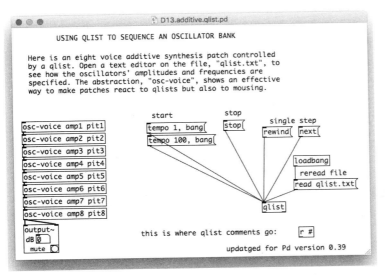

图 5.15 使用【qlist】控制加法合成器（来自 "D13 addtive.qlist"）

5.4　调频合成

　　加法合成通过叠加信号来设计音色，这能够直观地调整泛音组合。不过，由于每一个泛音都需要一个振荡器，因此产生泛音丰富的音色需要控制数量可观的振荡器。20 世纪 60 年代，斯坦福大学的约翰·卓宁（John Chowning）博士提出了一种称为调频（Frequency Modulation，简写为 FM）的声音合成技术，这一技术只需两个振荡器就可以产生泛音丰富的音色。

5.4.1　调频合成的实现

　　如图 5.16 所示的程序展示了调频技术在 Pd 中的实现方法。这里使用了两个【osc～】振荡器，但我们没有像加法合成那样叠加它们的输出信号，而是把上方【osc～】的输出信号经过简单运算后发送到下方【osc～】的输入口。我们把上方的【osc～】称为调制振荡器（modulator），它的输出信号称为调制信号，而下方的【osc～】称为载波振荡器（carrier），它的输出信号称为载波信号。简单地说，调制信号通过控制载波振荡器的频率来影响载波信号。

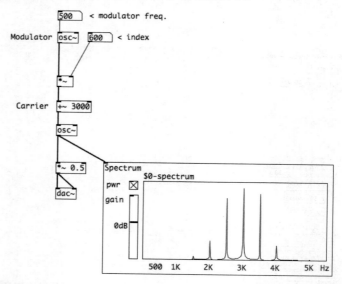

图 5.16　调频合成的实现

　　调制振荡器改变载波信号的程度被称为调制指数（Modulation Index/Modulation Depth）。在图 5.16 的程序中，调制指数可以由数字框"index"控制，当调制指数为"0"时，载波信号不会被调制振荡器影响，因此输出信号是频率 3000Hz 的正弦信号。现在，将调制振荡器的频率（modulator frequency）设置为一个很小的数（20Hz

以下），逐渐增大调制指数至 500 左右，输出信号就会出现以 3000Hz 为中心的扫频现象【频率在（3000-500）Hz 与（3000+500）Hz 之间变化】，引发类似颤音的效果。逐渐提升调制振荡器的频率，并通过频谱分析器观察输出信号，你会发现信号的频率分量在逐渐增加，出现类似多个正弦信号叠加的效果。保持调制振荡器的频率不变而改变调制指数，各个频率分量的振幅也会随之改变。

上面的现象可以用数学运算来解释，不过，想要产生特定的频率分量组合需要十分复杂的计算。尽管如此，相比加法合成，调频合成只需要很少的振荡器就能产生谐波丰富的信号，极大地简化了合成器的构成。此外，通过调制信号可以实时控制泛音的频率范围与强度，当调制指数跟随演奏强度变化时，能够产生十分自然的音色效果。

需要说明的是，调频合成技术并不只是产生与载波信号频率成整数倍关系的谐波。当我们需要合成一个音高稳定的乐音时，需要让调制频率与载波频率呈整数倍关系。当然，我们也可以有意产生一些不和谐的分量信号，这可以模拟一些打击乐器的音色或是实现失真合成（distortion synthesis）。此外，我们也可以使用方波、三角波或是锯齿波来作为载波或调制信号。

5.4.2　示例 25 调频合成器

图 5.17 中的程序构建了一个调频合成器，该程序使用了"A""B""C"三个

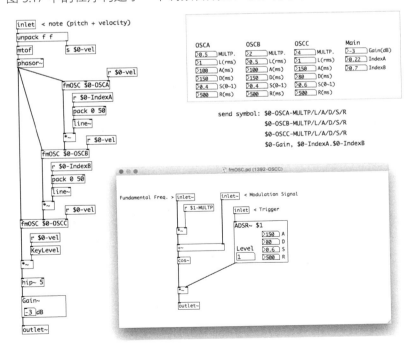

图 5.17　调频合成器

正弦信号发生器，其中"A"为"B"的调制信号，而"B"的输出又作为"C"的调制信号，每一个发生器都可以设置 ADSR 振幅包络。为了合成一个音高稳定的音色，我们让所有发生器的频率成整数倍关系。

5.5   波表合成

在数字时代初期，Wolfgang Palm 公司开发了一种基于数字化波形样本的声音合成器。这种合成器使用数字存储器存储几种表示单周期波形的数字序列，通过控制这个数字序列的播放频率，就可以产生一个音高可控的声音。上述合成器中存储单周期波形样本的数据单元被称为"波表"[2]，它的内容决定了合成信号的波形，这种基于波形样本的声音合成技术被称为波表合成（wavetable synthesis）。

5.5.1   波表合成的实现

图 5.18 展示了波表合成技术在 Pd 中的实现方法。这里代表波形的数字序列被存储在数组"wavetable"中，对象【tabosc4～】可以对数组进行频率可控的循环读取。在图 5.18 中，收到信息"1000"的【tabosc4～ wavetable】将在 1 秒内对数组"wavetable"进行 1000 次从头至尾的读取，这个过程的输出数值将形成一个 1000Hz 的锯齿波信号。需要说明的是，【tabosc4～】只接收以信号表示的数值信息，因此这里使用【sig～】将信息"1000"转换为信号形式。此外，【tabosc4～】所读取数组的长度必须等于 2^n+3（n 为正整数），比如 67（2^6+3），131（2^8+3），515（2^9+3）等，这是因为【tabosc4～】使用了 4 点插值技术。大部分波表合成器都会使用某种插值算法来平滑被读取的波形，这可以避免改变波表读取频率时（即改变【tabosc4～】的输入值）发生的输出信号不平滑问题。Pd 的内置示例"Pure Data/audio examples/B04 tabread4 interpolation"说明了 4 点插值技术的实现原理。

波表数据可以通过运算的方式获得。在图 5.18 的程序中，我们使用【until】连续触发一个计数器以产生一组线性递增的数值，这可以模拟一个锯齿波的波形。你也可以使用"array_name cosinesum"命令来生成一个正弦波形，或者在数组窗口里手动绘制一个波形，并使用"array_name write text_name.txt"或

---

2   声音合成领域的几种不同技术都使用波表这个术语，一些技术所用的波表数据并不只是一个周期的波形样本。

"array_name read text_name.txt"存储或读取数组的内容，详细操作可以参考 Pd 的内置教学示例"Pure Data/control.examples/15.array.pd"。

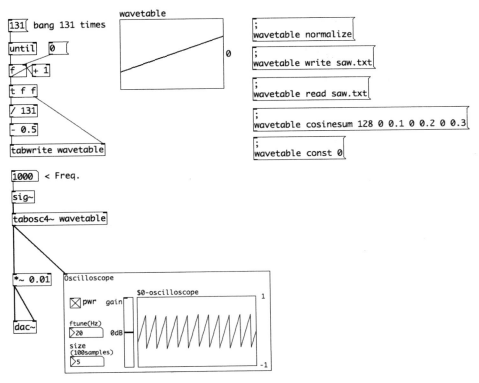

图 5.18　波表合成的实现

　　波表的读取也可以使用非线性的方式，比如使用一个正弦波、三角波、甚至另一个波表合成器的输出信号来作为【tabosc4～】的索引值，这种技术被称为波表扫描合成，Pd 的内置教学示例"B2 two-wavetables"展示了这种技术。此外，我们也可以同时读取来自多个波表的音色，将它们混合或者在它们之间切换，这种技术被称为矢量合成技术（Vector Synthesis）。

5.5.2　示例 26 矢量波表合成器

　　图 5.19 的程序基于波表合成技术构建了矢量合成器，其包含 4 个不同波表数据的数组。我们用两个滑块对象来调整信号的混合比例。如图 5.19 所示，当四个波表包含不同的谐波组合时，调整混合比例就能实时地改变泛音。你也可以使用振荡器或者包络发生器来"自动调整"信号的混合比例。此外，今天的矢量合成技术也会使用调频合成或者数字采样器作为被混合的信号源。

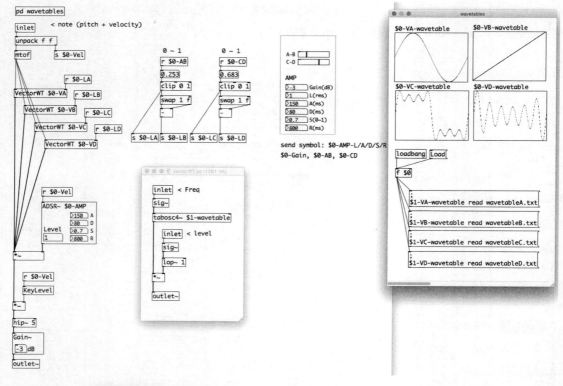

图 5.19　矢量波表合成器

5.6　数字样本合成

　　PCM 音频技术的发展促使音频设备商开发出一种称为采样器（Sampler）的电子乐器。与传统的合成器不同，采样器中不包含振荡器，它的音色来自一个录制好的数字音频样本（samples），这种基于数字音频样本来产生声音的技术被称为样本合成（Sample-Based Synthesis）。

　　采样器的主要优势是可以使用录制自真实乐器的音色样本，并且每个样本可以记录乐器一个音的完整演奏（包括音的建立、衰减与释放过程）。不过，采样器的存储空间毕竟是有限的，因而大部分采样器都会使用移调技术来改变音频样本的播放音高（pitch），而无需为每个音高都载入一个对应样本。

5.6.1　样本合成的实现

　　如图 5.20 所示的程序展示了样本合成在 Pd 中的实现方法。这里的系统与示例 13 的"音频播放器"类似,不过它的播放部分由【line～】与【tabread4～】组成。点击信息框【0,44100 1000】,【line～】的输出信号会在 1 秒内从 0 增长到 44100,这一数值将作为数组 sample-table 的读取索引让【tabread4～ sample-table】在 1 秒内完成全部 44100 个样点的线性输出,也就是样本 "Piano_C4.wav"第一秒的播放。调整信息框中的数值可以改变样本的播放范围与播放速度。比如信息【0 22050 2000】可以让素材"Piano_C4.wav"以原速的 1/4 播放前 0.5 秒,带来音调降低的效果。

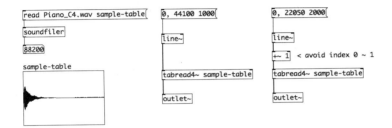

图 5.20　样本合成的实现

　　【tabread4～】是加入了 4 点插值技术的【tabread～】,当素材不能按原始速度播放时,使用插值技术可以平滑输出信号,避免高频杂音的出现。【tabread4～】并不要求被读取数组满足特殊的长度,不过严格地讲,在存储单元 n 与 n+1 之间进行 4 点插值需要使用"n-1,n,n+1,n+2"4 个样点的值作为运算参数,因此,数组首部 2 个存储单元(索引值为 0～1)之间的区域,以及数组尾部 2 个存储单元(索引值为 size-2～size-1)之间的区域无法进行插值,这时可以使用【+1】避开数值首个单元的读取。

　　使用【phasor～】与【*～】可以产生增减速率可控的索引值。图 5.21 中的样本使用 44100/s 的采样率录制,当【phasor～】的频率参数为 1 时,样本会按原始

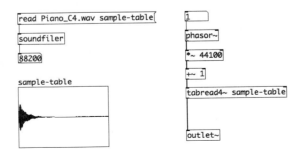

图 5.21

速度播放，而当参数大于1时，样本会被加速播放，播放音调也会提高。反之，小于1的参数会让样本减速播放，播的音调也会降低。当我们载入一个固定音高的钢琴音色样本时，通过这种技术，就可以让程序发出不同音高的钢琴声。

5.6.2　示例 27 采样器

如图 5.22 所示的程序构建了一个样本合成器。这里滑块"Start"与"End"可以调整素材的播放范围，参数 ADSR 可以改变音频样本的振幅包络。当程序收到音高为 60（261.626Hz）的 MIDI 音符时，样本将以正常速度播放，而其他音高数值将改变样本的播放速度，从而改变样本的播放音高。为了避免连续触发播放时出现的输出信号不平滑问题，这里让每次样本播放延迟 5 毫秒进行，并在这 5 毫秒内使用【line～】将当前信号的输出数值线性减小至 0。

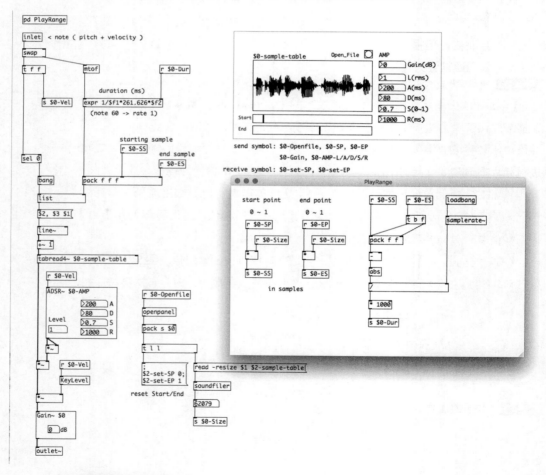

图 5.22　采样器

5.7 粒子合成

　　粒子合成（Granular Synthesis）发展自物理学家 Dennis Gabor 的声音量子化理论，这种技术把声音信号分解为一系列称为粒子（Grains）的时间片段，再通过处理粒子来重建出需要的声音。粒子合成主要基于数字音频系统来实现，每一个粒子由一组时长 1 ～ 100ms 的样点（sample）组成。单独一个粒子听上去可能是一个无意义的脉冲，不过按次序连续播放这些粒子，就能还原出被分解的声音。粒子合成的奇妙之处在于我们可以调整每个粒子的起始位置、长度与播放速度，并且可以让多个粒子以相互交叠的方式同时播放，这将产生移调、时间拉伸等声音效果。图 5.23 展示了一种典型的粒子播放方式，这里的音频样本被均匀切分为一系列等时长的粒子，而我们可以在顺次播放这些粒子的过程中调整每个粒子的播放速度，由于一些粒子被重复播放，因此音频样本的播放时长并不会改变，但播放音高却能根据播放速度产生变化。为了平滑粒子之间的过渡，我们通常会为每个粒子加上一个振幅包络。

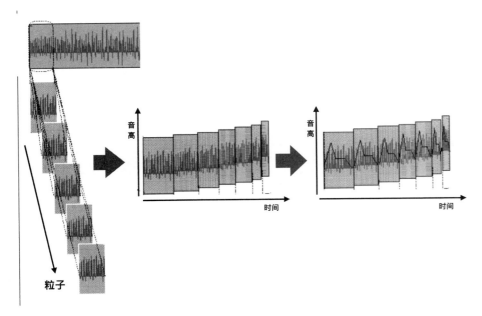

图 5.23 粒子的播放

5.7.1 粒子合成的实现

　　图 5.24 的程序展示了粒子合成在 Pd 中的实现方法。图中左侧的【phasor ～ 】

与【 * ～ 441 】产生一个数值在 "0 ～ 441" 之间循环的信号，它将作为【 tabread4 ～ 】的索引值。如果右侧的【 phasor ～ 】不工作，则【 + ～ 】的加数为 0,【 tabread4 ～ 】只会循环播放数组 sample-table 中最前端的 441 个样点，也就是循环播放了一个时长 10ms 的粒子。

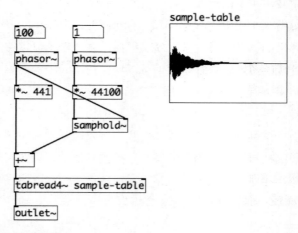

图 5.24　粒子合成的实现

　　【 samphold ～ 】是构建粒子合成系统的常用对象，它的作用类似于一个闸门。【 samphold ～ 】的热端与冷端分别接收输入信号与控制信号，当控制信号的值为负增长时，闸门开启，这时【 samphold ～ 】直接输出热端的输入信号；当控制信号的值保持不变或者增长时，闸门关闭，【 samphold ～ 】停止接收输入信号，但会持续输出最近一次闸门开启时的输入信号值。

　　图 5.24 所示的程序中，【 samphold ～ 】的控制信号是左侧【 phasor ～ 】的输出信号，也就是单个粒子的播放索引信号，由于【 phasor ～ 】的输出信号只在一个周期结束时才会出现一次负增长（从信号最大值回到 0 ）。因此，【 samphold ～ 】只会在每个粒子播放完成的一瞬间，输出一次自身热端的信号值。举例来讲，假设左右两个【 phasor ～ 】的频率分别是 100Hz 与 1Hz，如果两个【 phasor ～ 】同时开始工作，则当左侧【 * ～ 441 】的输出值增长至 "440" 时，右侧【 * ～ 44100 】的输出值也会是 "440"[3]。不过在下一瞬间，左侧【 phasor ～ 】的一个周期结束，输出将从最大值回到 0，这个 "负增长" 会引发【 samphold ～ 】进行一次输出，而【 samphold ～ 】的输出值等于这一瞬

　　3　作为数字音频系统，【 phasor ～ 】的输出数值并不是连续的，因此严格地说，两个【 phasor ～ 】的输出值分别是一个接近 "1" 和接近 "0.01" 的数，而【 * ～ 441 】与【 * ～ 44100 】的输出值将是一个接近 441 的数。

间【 * ～ 44100 】的输出值 441。现在,【 + ～ 】的加数变为 441,【 tabread4 ～ 】的索引值从之前的 "0 ～ 441" 变为 "441 ～ 882",左侧的【 phasor ～ 】开始播放一个新的粒子。只要不改变两个【 phasor ～ 】的频率,上面的情况会一直持续下去,每当左侧【 phasor ～ 】完成一个粒子的播放时,【 samphold ～ 】就会输出一个新粒子的起始位置,直到右侧【 phasor ～ 】完成一个周期,也就是完成全部 44100 个样点的播放。

在上述频率设置下(【 phasor ～ 100 】与【 phasor ～ 1 】),音频样本的播放效果与采样器没有什么不同。不过,下面的操作展示了粒子合成的价值。我们从 100Hz 开始缓慢增加或是减小左侧【 phasor ～ 】的频率,这将改变单个粒子的播放速度,你会听到音频样本的音调在逐渐升高或降低,但与示例 27 采样器不同的是,音调变化的同时素材的播放速度并没有改变,这实现了一种无变速的高音平移(Pitch Shifting)效果。另一方面,如果保持左侧【 phasor ～ 】的频率为 100Hz,缓慢增加或减小右侧【 phasor ～ 】的频率,你会听到素材的播放速度被加快或减慢,而它的音调却没有随之改变,这种效果被称为时间拉伸(Time-Stretching)。

"音高平移" 与 "时间拉伸" 是基于粒子合成技术实现的典型效果,它们可以对素材进行 "变调不变速" 或者 "变速不变调" 的播放。不过,图 5.24 的程序在实现上述效果时可能出现高频杂音[4]。我们可以通过 "汉宁窗" 来解决这个问题。

图 5.25 的程序带有一个存储汉宁曲线的数组 hann(参考 "4.4 傅里叶分析"),它的长度为 441 个样点,与单个粒子的长度相同。当数组 hann 与粒子同步播放时,就会给每个粒子添加一个振幅包络,让粒子拥有 "淡入淡出" 的播放效果,这缓解了粒子间过渡不平滑的问题。不过,振幅包络的使用会带来素材音量时高时低的现象,当你以较慢的速度播放一个粒子时,这种现象将会十分明显。上述问题的解决方案是让两个粒子进行交叠播放,这样当一个粒子的振幅包络处于最高点时,和它交叠播放的粒子则处于自身振幅包络的最低点。如图 5.25 所示的程序中,我们使用【 + ～ 0.5 】与【 warp ～ 】的组合让两个粒子中起始样点的位置相差粒子长度的 1/2。【 warp ～ 】可以把信号数值控制在 "0 ～ 1" 之间[5],这里【 warp ～ 】的输入值比左侧【 phasor ～ 】的输出值增加了 0.5,所以当左侧【 phasor ～ 】

---

4 改变粒子的播放速度或是素材的播放速度后,粒子中连接播放的样点在原素材中并不相邻,这是造成信号不平滑的主要原因。

5 【 warp ～ 】的工作原理可以理解为只输出一个正数的小数部分,例如 1.8 与 2.8 的输出均为 0.8。如果【 warp ～ 】的输入为负数,则是小数部分的绝对值与 1 的差值,例如 -1.8 的输出为 0.2。

的输出值从"0"到"0.5"再到"1"时,【warp ～】的输出值将从"0.5"到"1"再到"0.5",因此左右两组【tabread4 ～】的播放位置总是相差粒子长度的 1/2,从而实现了"交叠播放"。

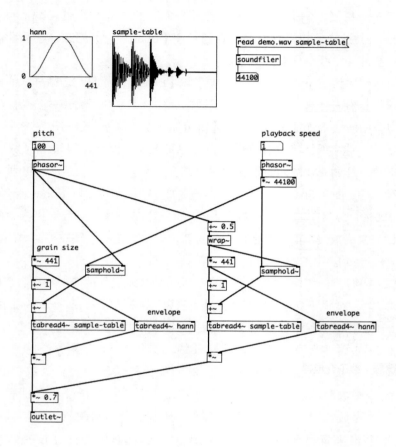

图 5.25   带有包络的粒子交叠播放系统

5.7.2   示例 28 粒子合成器

图 5.26 的程序使用粒子合成技术增强了采样器的功能。这里调整数字框"Stretching"可以在不影响音高的基础上改变音色样本的播放长度。数字框"GrainSize"用来调整粒子的长度。音频样本的播放速度由 MIDI 音符的音高决定。

样本合成与粒子合成技术为声音设计开拓了新的方向,一方面使用录制自真实乐器的音色样本能够获得极好的真实感,传统的器乐录制开始转为基于软硬件音源的音乐制作。另一方面声音设计师可以使用各种声音素材,包括一些现实生活中的声音片段来设计音色，这极大地拓展了声音的创作空间。

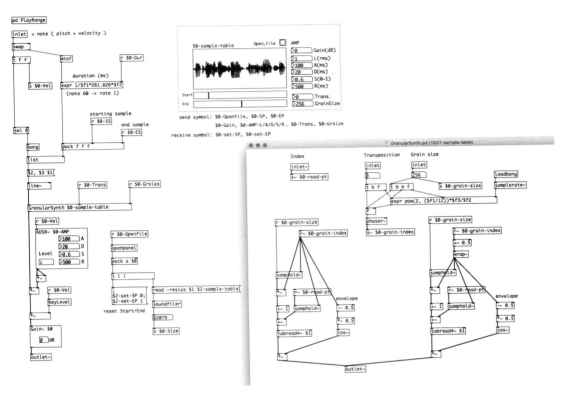

图 5.26　粒子合成器

第 6 章

开发交互式音频程序

数字交互作品的设计者可能希望观众以各种行为去影响一个程序的执行。计算机键盘与鼠标是操控 Pure Data 程序的主要设备，而我们也可以使用 MIDI 键盘、游戏机手柄，甚至基于手势识别、动作捕捉的体感设备来控制 Pure Data 程序，这时需要在交互设备与 Pure Data 之间建立通信系统，把用户的行为数据发送给 Pure Data。

这一章将介绍 MIDI、Open Sound Control 两种多媒体领域常用的通信协议。这些技术可以让 Pure Data 连接一些娱乐用的控制器与传感器，实现音频程序的可交互性。本章的最后一节简要介绍一些常用的交互设备，它们可以识别用户的表情、手势及其他身体动作，为音频程序带来创造性的交互形式。

6.1 通信系统的基本概念

在介绍通信协议之前，首先对通信系统的基本概念作出简单介绍，这包括使用控制器与传感器时的一些常用通信术语。

6.1.1 通信链路

实现通信的第一步是构建设备之间的信号传输通道。在通信领域，我们习惯称这些传输通道为通信链路（link）。通信链路通常是以物理信号的传输线路为基础的，比如传输电信号的电缆或者光信号的光纤。为了让线路能够有效工作，还需要配合相应的通信控制电路，并设计接插件（connector）以方便系统之间的线路连接。

进入数字通信时代，设备之间的通讯内容被抽象为仅由二进制数 "1" 和 "0" 组成的数据流。为此，我们需要制定一个转换规则，让传统的物理信号能够表示出 "1" 和 "0" 两种状态。比如，定义链路中的信号电压在 "-2V ～ -6V" 之间代表 "0"，"+2V ～ +6V" 之间代表 "1"。使用通信电路执行转换规则后，通信链路就可以传输数字化的信息，我们称这些传输数字信息的链路为数据链路（data link）。

本书所涉及通信系统的通信链路都是数据链路，它们的定义不仅包含物理信号的传输线路，也包含相应的通信控制电路以及物理信号与数字信号之间的转换规则。

6.1.2　通信模式

通信链路可以有三种通信模式：单向、半双向与全双向。

单向（Simplex，又称单工）： 单向模式的链路只允许信息沿一个方向发送。因此，信息的发送端只能发出而不能接收信息，接收端则只能接收信息而不能回复发送端。电台广播就采用这样的通信模式，听众只能接收电台的信息，而不能向电台发送信息。

半双向（Half Duplex，又称半双工）： 半双向模式的链路允许通信双方相互通信，但同一时间内只能有一方发送信息。常见的手持无线对讲机就采用了半双向通信模式，按下通话键，你可以向别人讲话，但你讲话时无法听到对方的声音；相反，当你接听对方讲话时则不能向对方讲话。

全双向（Full Duplex，又称全向、全双工）： 全双向模式意味着通信双方能够同时发送与接收信息。电话是采用全双向通信模式的典型例子，你讲话的同时可以听到对方的声音，而对方也一样。

需要说明的是，一个通信链路可以设计支持一种或多种通信模式。

6.1.3　数据传输速率

我们经常使用比特率（bit rate）来描述一个链路的数据传输速率。比特率的基本单位是 "比特每秒"（bps 或 bit/s），它代表每一秒钟通过数据链路传输的比特数。更常见的比特率单位是 kbit/s 与 Mbit/s，它们分别代表 "千比特每秒" 和 "百万比特每秒"[1]。需要注意的是，通信领域也会使用波特率（baud rate）来衡量数据传输速率，它与比特率之间的换算关系需要根据通

1　业内习惯将 "Mbps" 或 "MB" 中的 "M"（即 Mega）称为 "兆"，比如 "100 兆比特每秒"。这里的 "兆" 代表 10^6（一百万），而不是传统计数法中代表 10^{12}（一万亿）的数量单位。

信方案来确定。

　　如果通信系统主要由计算机构成，我们也会使用"kByte/s 千字节每秒"或 "MByte/s（百万字节每秒）"来描述数据传输速率。与计算机系统一样，这里 1 字节等于 8 比特。不过，由于通信系统中传输的比特并非全部用来表示有效数据，因此对于一个传输速率为 800kbit/s 的链路，其在计算机系统中显示的传输速率可能低于 100kByte/s。

6.1.4　传输带宽

　　传输带宽是用来衡量通信链路传输能力的参数。对数据链路而言，传输带宽通常是指其能够实现的最高数据传输速率。比如 USB2.0 的理论传输带宽为 480Mbit/s，当用它连接鼠标时，USB 链络的的数据传输速率可能只有带宽的几百分之一，而用它连接一个高速移动硬盘时，数据传输速率则可能接近理论带宽。

6.1.5　数据通信协议

　　数据通信协议（data communication protocols）是通信双方为实现有效、可靠的通信而制定的一系列通信规则。这些规则主要包括数据的格式、传输速率、传输控制方案以及差错检测机制。在现代网络通信中，一个通信链路经常会被多个设备或软件共用，这时，我们可能会组合使用多种协议来实现不同的通信目的。

6.1.6　校验方案

　　校验方案是通信系统为防止数据在传输中出现错误而设计的一种检错与纠错机制。不同的通信协议可能使用不同的校验方案，不过大部分校验方案都使用在发送数据中加入校验码的方式来为接收端提供判断数据正确性的依据。当接收端依靠校验方案发现收到的数据存在错误时，可能会选择丢弃出错的数据，或者请求发送端重新发送出错的数据。在一些复杂的校验方案中，接收端也可能通过校验码重新计算出正确的数据。

6.1.7　通信标准

　　大部分厂商不会自行设计特殊规格的通信线缆与接插件，也很少开发低层的通信协议。对计算机周边设备而言，我们主要使用 USB、MIDI、Wi-Fi 等公开的通信标准，这些通信标准不仅定义了通信链路的技术指标，比如线缆与接插件的规格、通信控制电路的结构，同时也定义了数字信号的转换规则、链路的传输带宽等。此外，一些通信标准还指定了数据通信协议，这包括数据的传输格式与校验方案。

6.2   音乐设备数字化接口（MIDI）

MIDI 的全称是（Musical Instrument Digital Interface，音乐设备数字接口），它是一套用于实现电子乐器与其他数字设备之间通信的技术规范。支持 MIDI 的设备通过收发 MIDI 信息来"交流"，这些 MIDI 信息可以是乐器的演奏动作或是设备的操作命令，但不会包含音频信号。作为一个通信协议，MIDI 定义了音频系统中常用命令的数字化形式中常用命令的数字化形式，让我们可以借助 MIDI 链路、USB 或者以太网来发送这些命令。

这一节我们首先从通信协议的角度对 MIDI 作出介绍，之后通过构建 Pd 与外部 MIDI 设备的通信程序来说明 MIDI 的实际用法。

6.2.1   MIDI 概述

MIDI 开发于 20 世纪 80 年代，由 MIDI 制造商协会（简写为 MMA）负责维护。作为一项已有 30 年历史的通信技术，MIDI 规范中的一部分内容已经过时，但由它定义的数据格式依然被今天的数字音频系统广泛使用。

MIDI 规范由"MIDI 1.0""General MIDI""MIDI Show Control"等多部分内容组成。"MIDI 1.0"是其中的主要部分，它定义了一种特定电气规格的数字通信链路，以及基于该链路的 MIDI 数据通信协议（MIDI Protocol）。随着计算机网络技术的发展，构建 MIDI 通信链路的方式已经更为灵活，不过 MIDI 信息的格式却没有变化。

6.2.2   MIDI 通信链路

根据规范，MIDI 通信链路使用电流环接口电路，以一套德标 180 度 5 芯接插件（180° five-pin DIN）作为连接器。通常，MIDI 设备集成 5 芯接插件的母头，而设备之间使用公头到公头的 5 芯 MIDI 电缆相连接（见图 6.1 与图 6.2）。MIDI 采用单向通信模式，如果设备之间需要双向通信，可以使用 2 条 MIDI 电缆建立两个相互独立的通信链路。构建 MIDI 链路时，每一条电缆都将一台设备的 MIDI OUT 端口与另一台设备的 MIDI IN 端口相连（见图 6.3）。

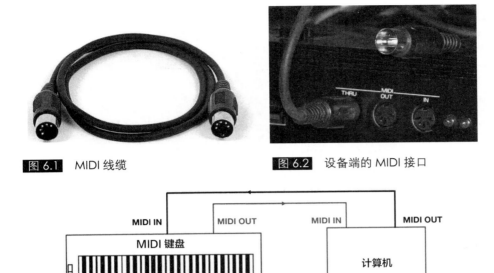

图 6.1 MIDI 线缆	图 6.2 设备端的 MIDI 接口

图 6.3 使用 MIDI 实现双向通信

　　一条 MIDI 链路允许连接多个接收设备，使用 MIDI THRU 端口（又称 MIDI 直通端口或 MIDI 串联端口）[2] 可以将多台设备以"菊链"（daisy chain）方式串接。设备的 MIDI THRU 端口直接复制并发送由自身 MIDI IN 端口获取的数据，因此，一条 MIDI 链路上的所有接收设备都会接收到完全相同的 MIDI 数据（见图 6.4）。在一些复杂的场合，我们也会使用专门的 MIDI 分配器来解决多个设备间的 MIDI 连接问题（见图 6.5）。

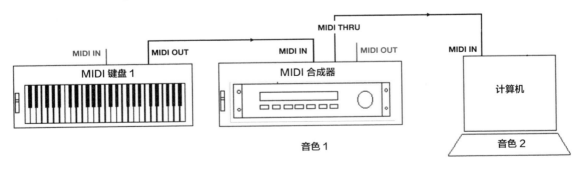

图 6.4 菊链方式串接多个 MIDI 设备

---

　　2 并不是所有的 MIDI 设备都设计有 MIDI IN、MIDI OUT 与 MIDI THRU 端口。对于一些仅需要发送 MIDI 信息的设备，比如 MIDI 键盘，可能只设计有一个 MIDI OUT 端口。

图 6.5 Microdesignum 生产的 MIDI 分配器

个人计算机在音频系统中的广泛使用促使设备商开始生产基于 USB 接口的 MIDI 设备，其中包括一边为 USB 接口，另一边为标准 5 芯 MIDI 接口的转换器（见图 6.6），这种产品能让使用 5 芯 MIDI 接口的设备与计算机快速建立起双向的 MIDI 通信链路。此外一些 USB 计算机声卡可能配置有 5 芯 MIDI 端口，它们也可以作为 USB-MIDI 转换器使用（见图 6.6）。

图 6.6 USB-MIDI 转换器与带有 5 芯 MIDI 接口的 USB 声卡。

除 USB 之外，使用以太网（Ethernet）、Wi-Fi 以及蓝牙（Bluetooth）来构建 MIDI 链路的技术也已出现。苹果操作系统的内置工具软件 MIDI Studio（从 MacOS X 10.4 开始）可以在两台计算机之间建立基于以太网、Wi-Fi，甚至蓝牙（从 MacOS X 10.10 开始）的 MIDI 链路（见图 6.7），网络上也有许多类似功能的虚拟 MIDI 链路软件可供 Windows、Linux、Android 等操作系统选用。需要注意的是，与通信结构简单的 USB 不同，以太网 Ethernet、Wi-Fi 以及蓝牙（Bluetooth）通信可能由于网络阻塞、信号干扰等问题产生数据传输不稳定的现象，这时需要在通信协议层面加入一些控制策略，相关技术可以查阅"RTP-MIDI 协议"。

图 6.7 MacOS X 内置的"MIDI Studio"，其中"IAC Driver"模块可以通过以太网发送 MIDI 信息

MIDI 通信链路的延迟问题

USB 采用与传统 5 芯 MIDI 接口类似的异步串行通信技术，但其传输带宽远高于后者。一条 5 芯 MIDI 链路的理论传输速率仅为 31.25kbit/s，而 USB 2.0 的数据传输速率可以达到其百倍以上。理论上讲，一条 USB 链路可以同时传送几十路 MIDI 链路的信息。不过，由于 USB 技术使用主从模式，因此连接多台 USB 设备时可能出现延迟值不稳定的问题 [3]。如果你的系统对延迟一致性要求很高，应该避免在建立 MIDI 的 USB 接口上连接其他设备。

使用以太网、Wi-Fi、或蓝牙技术构建 MIDI 链路时，需要考虑网络复杂度与信号干扰带来的延迟值不稳定问题（即网络抖动）。如果使用网线将几台计算机通过交换机连接成一个局域网，并且不通过这一网络传输 MIDI 信息以外的复杂数据，延迟值通常在可接收的范围内。举例来说，让位于美国的计算机借助互联网连续发送多组 MIDI 信息给位于中国的计算机来触发声音是可行的，但由于经过了复杂的网络传输，最终到达中国的每条 MIDI 信息之间的时间间隔可能与发送端有较大的差别，也可能会丢失一些 MIDI 信息。今天的网络通信使用"时间戳"机制来缓解上述问题，并在通信协议中加入应对信息丢失的方案。不过信息传输延迟依然可能十分严重。

操作系统与音频软件可能支持"MIDI 端口"（MIDI Port）选择功能。当一台计算机同时与多个 MIDI 设备建立了多个不同的 MIDI 链路时，我们可以通过设

3 举例来说，当发送端送出信息后，接收端有时需要 0.5ms，有时则需要 2ms 才能收到信息。不过随着 USB 技术的发展，这一问题已经不再明显。

置"MIDI 端口"来选择一条用于接收或发送信息的 MIDI 链路（见图 6.8）。

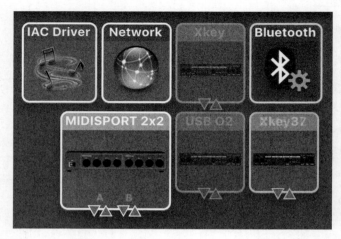

图 6.8　MacOS X 操作系统对 MIDI 端口的显示（图中设备"MIDISPORT 2x2"拥有 A 与 B 两组 MIDI 端口，每组都包含一个 MIDI OUT 端口与一个 MIDI IN 端口）

6.2.3　MIDI 信息

建立 MIDI 链路后，设备之间就可以通过收发 MIDI 信息（MIDI Message）来实现通信。MIDI 信息是通过 MIDI 链路传输的特殊格式数据，它的数据结构与使用规则是 MIDI 通信协议（MIDI Protocol）的主要内容。

MIDI 字节

从二进制数据层面看，一条 MIDI 信息由 3 个 10bit 的 MIDI 字节组成[4]。通常，第一个 MIDI 字节定义该信息的类型，其他 MIDI 字节根据信息类型被解释为特定含义的参数信息。大部分 MIDI 设备或软件上显示的 MIDI 信息都是一组经过解释的参数信息（比如"NoteOn C2 100 1"），因而普通用户很少接触到二进制形式的 MIDI 字节。不过在开发交互式程序时，我们可能需要 Pd 收发一些由 MIDI 字节组成的专用 MIDI 信息，为此在这里对 MIDI 字节作出简单介绍。

如图 6.9 所示，一个 MIDI 字节由 1 比特起始位，8 比特数据位，以及 1 比特结束位组成。MIDI 字节可分为状态字节（Status byte）与数据字节（Data byte），状态字节的数据位最高有效位为"1"（图中为：10010000）；数据字节的数据位最高有效位为 0。

4　大部分 MIDI 信息由 1 个"状态字节"和 2 个"数据字节"组成。不过，MMA 允许设备厂商使用 MIDI 字节传输一些各厂商专用的设备信息，这些专用信息可以使用多于 2 个的数据字节。

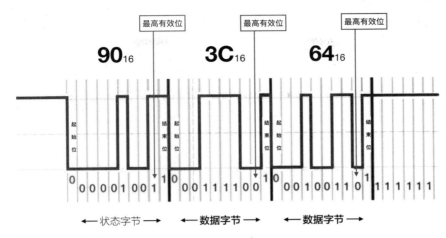

图 6.9 MIDI 字节

MIDI 信息的分类：

MIDI 信息可以分为两类："通道信息"（channel messages）与"系统信息"（system messages），前者又可分为"音色信息"（voice messages）与"模式信息"（mode messages），而后者主要包括"实时信息"（realtime messages）、"通用信息"（common messages）与"专用信息"（SysEx messages）（见图 6.10）。不同类型的信息用于描述不同类型的事件，它们的主要区别在于所含参数的功能不同。比如"音色信息"使用"通道编号"（channel）、"强度"（velocity）与"音高"（pitch）三个参数来描述"通道 1 以 100 的强度演奏音符 C3"这样的演奏事件。而"通用信息"则使用"乐曲编号"、"节拍序号"等参数来命令设备"播放第 n 首乐曲的第 n 拍"。

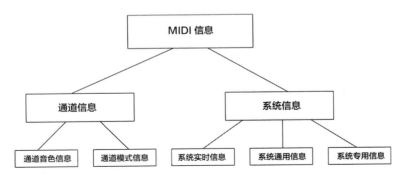

图 6.10 MIDI 信息的分类

本书仅对 MIDI 信息中的"通道信息"作出介绍。通道信息是我们构建声音系统时最常用的一类信息，它可以用来描述一个演奏事件、控制音频文件的播放，或者实时调整某个效果器的参数。

通道信息（channel messages）

MIDI 通道信息是描述演奏事件的一类 MIDI 信息，它的特点是信息中包含一个代表通道编号的 4 比特参数。MIDI 使用广播式通信，当一个发送端发出信息时，同一链路上的所有接收设备都会收到信息。如果希望某台设备仅执行其中一部分信息的内容，就可以利用"通道编号"（Channel）来区分信息的发送目标。在图 6.11 中，我们将计算机的"合成器程序"设置为"通道 2"。则仅有"通道编号"参数为"2"的 MIDI 信息会被"合成器程序"执行。

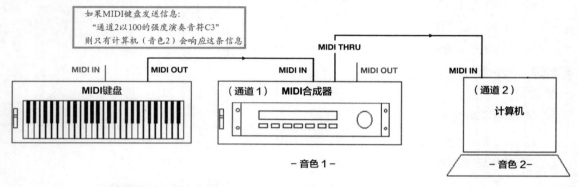

图 6.11　使用"通道编号"区分接收设备

4 比特的"通道编号"参数可以区分 16 个通道，这可以理解为一个 MIDI 链路包含 16 个虚拟 MIDI 通道（依次为通道 1～通道 16）。一些设备可以为自己的功能模块指定不同的通道，比如，调音台的第 1～8 路推杆（fader）分别响应通道编号为 1～8 的 MIDI 信息，或者音频工作站上的不同合成器分别执行不同通道的 MIDI 信息。一些 MIDI 接收设备也可以设置为响应所有 16 条通道的信息（也就是设置为 Omni Channel/All Channels）。

MIDI 通道信息可以根据操作内容分为："通道音色信息"（Channel Voice Messages）与通道模式信息"（Channel Mode Messages）两类。"通道音色信息"的内容可以是"以 100 的强度演奏音符 C3""完全踩下延音踏板"或者"将音量设为 90"；而"通道

图 6.12　ableton live 软件的 MIDI 接收通道设定。

模式信息"用于设置乐器的工作模式，比如"停止所有正在发声的音符""将控制模式切换为远程控制"等。需要说明的是，MIDI 规范并不要求 MIDI 设备一定响应"通道模式信息"。

通道音色信息（Channel Voice Messages）

通道音色信息主要包括"音符信息"和"控制信息"两种，它们都包含三个参数，其中包括作为通道信息必须带有的"通道编号"参数。

"音符信息"的三个参数分别表示："通道编号"（channel）、"音高"（pitch）、"强度"（velocity）。例如"通道 1 以 100 的强度演奏音符 C3"这样一条命令可以表示为"通道 1、音高 60、强度 100"（音高与音名的关系可参考本书附录 1）。"通道编号"的取值范围是整数 1 ~ 16，而"音高"与"强度"的取值范围均为整数 0 ~ 127。因此，使用一条标准的 MIDI 音符信息描述演奏动作时，音阶范围可以包含 128 个不同音高，而演奏强度可以分为 128 个级别。

MIDI 音符信息

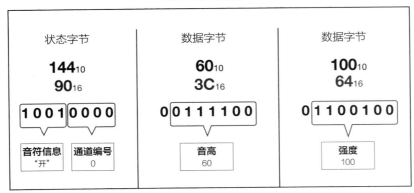

图 6.13　"MIDI 音符信息"的数据结构

"音高"（pitch）参数与键盘乐器的音名相对应，这部分内容由 MIDI 规范的 GM（General MIDI）部分定义（见本书附录 1），今天的大部分 MIDI 键盘乐器都遵循这一定义。

"强度"（velocity）参数用于描述一个音的演奏强度。"强度 127"代表最强，"1"为最弱。需要注意的是，强度为"0"代表停止某个音的演奏，这意味着我们需要使用两条 MIDI 信息来描述一个完整的演奏动作。以键盘类乐器为例，"音高 60、强度 100"代表以 100 的强度按下键盘的 C3 键，而"音高 60、强度 0"则代表抬起键盘的 C3 键。如果所选音色有延音效果（比如振幅包络带有较长的释放时间），MIDI 乐器会在收到"强度 0"后进行音色的"释放"处理（见图 6.13 及附录 4 全书彩图）。而对于一个铜管类音色，如果收到"音高 60，强度 100"之后没有"音高 60，强度 0"，C3 音可能会持续发声。

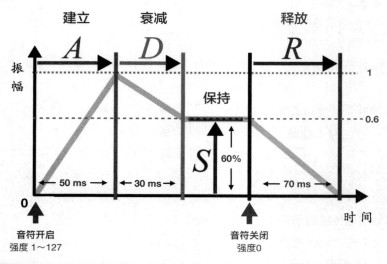

图 6.14 使用 "MIDI 音符信息" 控制 ADSR 包络

"控制信息"是另一种"MIDI 通道音色信息"。与描述音符事件的"音符信息"不同，控制信息主要用于调整设备的各种控制参数，比如电子乐器的"音量"（Volume），"声相"（Pan），"调制强度"（modulation），"释放时间"（release）等。

"控制信息"包含三个参数，分别是"通道编号"（channel），"控制编号"（control number）和"控制数值"（control value）。"通道编号"的取值范围是整数 1 ~ 16，"控制编号"与"控制数值"的取值范围均为整数 0 ~ 127。因此，使用 MIDI 控制信息可以在一个通道上控制 128 个不同的控制器，而每一个控制器的数值变化可以有 128 级。需要注意的是，控制编号为 120 ~ 127 的"控制信息"可能被某些设备作为"通道模式信息"（channel mode message）来处理，这时"控制编号"为 123 的信息代表"停止某一通道上所有正在演奏的音"，"控制编号"为 121 代表"将某一通道上所有控制器的数值设置为初始值"，更多命令请参考本书附录 1。

为了保证不同厂商的设备在 MIDI 控制命令上有一定兼容性，MIDI 规范中的 GM（General MIDI）部分规定了一些常用功能的控制编号，比如控制编号 7 代表音量控制，控制编号 10 代表声相控制，控制编号 64 代表对延音踏板的控制（更多定义可参考本书附录 1）。功能与控制编号的对应关系并不是强制性的，许多声音合成器软件可以自由定义每一项功能的控制编号。

系统专用信息（System Exclusive Messages）

"系统专用信息"属于 MIDI 系统信息的一种，它的设计目的是让 MIDI 信息能够表示厂商自己定义的一些内容。"系统专用信息"在声音系统中并不常用，不过 Pd 可以使用这类信息发送或接收一些自定义的控制参数，或者基于设备厂商提供的系统专用信息代码来控制设备的一些特殊功能。根据 MIDI 规范，"系统专用信息"需要以起始标志字节 [SysEx，$F0_{16}$（十六进制）] 开始，以结束标志字节（EOX $F7_{16}$）结尾，中间的数据则可以由厂商自行定义。

MIDI 文件

MIDI 文件的主要用途是以数字形式存储一首乐曲的音符信息以及乐器设定，它的功能类似传统的乐谱。从数据上讲，MIDI 文件可以看作包含有一系列"MIDI 音符信息"与"MIDI 控制信息"的 MIDI 信息列表，当然文件中还需要记录每条信息的执行间隔。由于 MIDI 文件中不包含音频数据，因此，同一个 MIDI 文件在不同的 MIDI 播放器中可能播放出不同的声音，就像你用不同的乐器演奏同一首乐曲一样。

在计算机操作系统中，MIDI 文件的扩展名被显示为 .midi 或 .mid。Windows 与 MacOS X 操作系统可以使用内置的播放器播放一个 midi 文件。在音乐制作行业，我们经常使用 MIDI 文件保存一组音符序列。

MIDI 控制器：

今天的电子乐器市场销售着各式 MIDI 控制器产品，除了常见的 MIDI 键盘外，也有捕捉吉他弹奏、模仿打击乐器以及吹奏乐器的 MIDI 控制器产品。一些带有触控按钮和推杆的"调音台"式设备也可以作为 MIDI 控制器来使用（见图 6.15）。

Pd 中的 MIDI 对象

Pd vanilla 内建的【notein】/【note out】与【ctlin】/【ctlout】对象可以接收或发送来自某个 MIDI 端口的"MIDI 通道信息"。这些信息中的"通道编号""音高""强度""控制编号""控制数值"等参数可以被转换为 Pd 的数值信息来控制音频程序。另外，Pd 内建的【pgmin】【bendin】【touchin】对象可以接收"音色更改""弯音控制""触后控制"等 MIDI 控制信息。

图 6.15   各种 MIDI 控制器产品

　　如果需要以 MIDI 字节的形式发送或接收信息，可以使用【midiout】、【midiin】、【midirealtimein】、【midiclkin】、【sysexin】，这些对象以十进制数的形式显示或发送 MIDI 字节。当然，我们也可以通过外部库扩展 Pd 的 MIDI 功能，比如使用外部库 cyclone 的【seq】对象来播放 MIDI 文件（见图 6.16）。

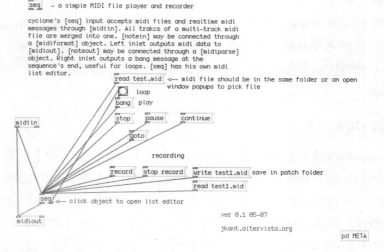

图 6.16   cyclone 的【seq】

6.2.4 在 Pd 程序中使用 MIDI

这里介绍如何使用一个 MIDI 键盘来控制 Pd 中的合成器程序，以及如何使用 Pd 中的音序器演奏一个外部 MIDI 音源。这两种应用可以说明使用 Pd 接收与发送 MIDI 信息的典型方法，本例使用一个免费的虚拟键盘软件 VMPK（Virtual MIDI Piano Keyboard）来发送 MIDI 信息。VMPK 是一个开源的 MIDI 键盘模拟器，它以图形化的方式显示一个钢琴键盘和一些可自定义控制编号的旋钮（见图 6.17）。VMPK 支持 Mac OS X、Windows、Linux 等多种操作系统。对于外部音源，这里使用 Mac OS X 操作系统下的免费音源软件 SimpleSynth 作为示例，在 Windows 系统中，你可以使用系统内置的"Microsoft GS Wavetable Synth 音源实现同样的功能"。

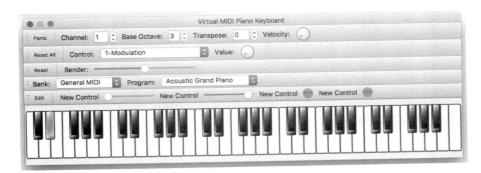

图 6.17 VMPK 软件界面

选择 MIDI 端口：

使用 Pd 发送或接收 MIDI 信息时，首先要选择建立通信的 MIDI 端口。

Pd 的 MIDI 端口可以通过 Pd 菜单的"Media（媒体）— MIDI Settings（MIDI 设置）"来选择。"MIDI Settings"的下拉菜单可以显示所有被操作系统识别的 MIDI 端口，每一个端口对应着一个物理 MIDI 链路（比如由 5 芯 MIDI 连接器或者 USB-MIDI 转换器建立的 MIDI 链路）或者一个由软件创建的虚拟 MIDI 链路（比如通过 Mac OS X 的"IAC Driver"创建的 MIDI 链路，以及本例中由软件"SimpleSynth virtual input"与"VMPK OUTPUT"自动创建的链路，见图 6.18）。需要说明的是，使用 USB 接口的 MIDI 控制器可能会在操作系统中同时显示出多个 MIDI 端口（比如 PortA、PortB、PortC、PortD······），一些设备可能需要用户在这些端口中做出选择，不过大部分设备使用第一组 MIDI 输入 / 输出端口进行 MIDI 音符信息与控制信息的接收 / 发送。

图 6.18　使用"VMPK"与"SimpleSynth"的 MIDI 端口设置

　　MIDI 链路仅支持单向通信，因此需要在 Pd 的"MIDI Settings"中分别选择输入设备（Input Devices，向 Pd 发送 MIDI 信息的设备）和输出设备（Output Devices，接收 Pd 所发 MIDI 信息的设备）的 MIDI 端口。在默认设置下，一旦输入设备与输出设备的 MIDI 端口被选定，Pd 中所有打开的程序都将通过这一组端口进行 MIDI 通信。如果需要同时使用多个 MIDI 输入与输出端口，可以使用"MIDI Settings"中的"use multiple devices"选项。

Pure Data MIDI 端口的显示

　　Pd 从操作系统获取"可用 MIDI 设备"的功能并不完善。截止 0.47 版本，Pd 只在自身启动时向操作系统请求一次可用 MIDI 设备列表，如果你的 MIDI 设备或者 MIDI 软件在 Pd 打开之后才进行连接或者启动，Pd 的"Midi Settings"菜单可能无法显示出这些 MIDI 设备。此外，如果一个使用虚拟 MIDI 链路的软件（比如 VMPK 虚拟键盘软件）在 Pd 的运行过程中被退出并重新启动，MIDI 通信也可能出现问题，这时我们需要重新启动 Pd，并检查"Midi Settings"中的端口设置是否正确。

6.2.5　MIDI 通道信息的处理

　　如图 6.19 所示的"MIDI Dispatcher"是一个"MIDI 通道音色信息"的分配程序，它可以作为 MIDI 信息的接收单元，向合成器程序发送包含"音高""强度""截止频率 Cut-off"、ADSR 等参数的列表信息。

　　在程序"MIDI Dispatcher"中，对象【notein】和【ctlin】分别接收某个 MIDI 端口（通过 Pd 的"Media-MIDI Settings"菜单设定）的"音符信息"与"控制信息"。【notein】可以将一条"MIDI 音符信息"中的"音高"（pitch）、"强度"（velocity）、"通道编号"（channel）三个参数通过自己的三个输出口分别送出。为了适应本例合成器程序的音符信息格式（可参考本书示例 7），这里使用【pack ff】将"音高"与"强度"组合成一个列表信息。【ctlin】可以将"MIDI 控制信息"中的"控制数值"（control value）、"控制编号"（control number）与"通道编号"（channel）三个参数通过自己的三个输出口送出。这里同样使用【pack ff】组合了"控制编号"与"控制数值"，但应注意的是，我们使用【swap】交换了"控制数值"与"控制编号"的位置，让"控制编号"（control number）作为列表信息的首元素。[5]

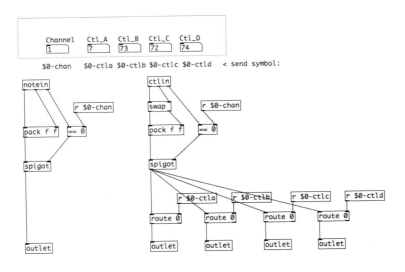

图 6.19 MIDI 信息分配器

为了实现按照"通道编号"筛选 MIDI 信息的功能，这里使用【==】来判断由【notein】和【ctlin】获取的"通道编号"数值。如果信息的"通道编号"与对象【==】的参数不一致，则【==】输出"0"给对象【spigot】，这时【pack ff】与【outlet】的连接将被【spigot】阻断[6]。图中"开窗"显示的数字框可以设置【==】的参数，通过设置数字框的属性，"通道编号"的取值范围被限定在 1 ～ 16，"控制编号"被限定在 0 ～ 127。

程序"MIDI Dispatcher"可以接收 4 个不同"控制编号"的 MIDI 控制信息，并让它们的"控制数值"通过四个【outlet】分别输出。这里使用【route】对信

5　请注意这里的冷热端问题。收到一条 MIDI 控制信息时，【ctlin】将从自己最右侧的输出口开始，依次输出信息的"通道编号""控制编号"和"控制数值"，如果将【ctlin】的第二个输出口（"控制编号"的输出口）连接到【pack ff】的热端，【pack ff】将在【cltin】输出当前信息的"控制数值"之前就完成列表信息的输出，而这条列表信息会错误地使用上一条 MIDI 信息的"控制数值"。

6　也可以使用预设参数来命令【notein】仅处理特定通道的 MIDI 信息。比如【notein 1】只会输出"通道编号"为 1 的 MIDI 音符信息（这时，【notein】的输出口会变为 2 个，输出"通道编号"的输出口将不再显示），如果希望【notein】输出所有通道的信息，可以使用【notein】或【notein 0】。【ctlin】也可以使用预设参数实现信息的筛选，详细用法请参考对象的帮助文档。

息进行筛选，通过其冷端的【receive】，我们可以为【route】设定一个代表"控制编号"的数值，当列表信息的首元素（即"控制编号"）与某个 route 的参数一致时，信息中的"控制数值"就会通过对应的【outlet】输出。

打开 Pd 菜单的"MIDI Settings"，把输入设备 Input Devices 选为 VMPK（或者你的 MIDI 键盘），MIDI 键盘的输出通道与"MidiDispatcher"的接收通道均设置为"1"，开启 Pd DSP，我们就能使用 MIDI 键盘来演奏 Pd 中的合成器了。调整 MIDI 键盘上的控制器旋钮，如果旋钮所用的"控制编号"与"MidiDispatcher"中的某个"控制编号"一致，旋钮的参数变化就能由"MidiDispatcher"中相应的输出端送出。在图 6.18 中，我们使用控制编号为"7""72""73""74"的旋钮分别控制合成器的音量、ADSR 的释放与建立时间，以及滤波器的截止频率。

如果希望操作多个合成器程序，可以为每个程序放置一个"MidiDispatcher"，并通过数字框设置不同的"通道编号"，这时就可以通过切换 MIDI 键盘上的 MIDI 发送通道来选择不同的合成器。

Pd 可以使用对象【noteout】与【ctlout】向外部设备发送"MIDI 通道音色信息"。【noteout】发送的 MIDI 音符信息由"音高"、"强度"、"通道编号"三个参数组成，这里我们使用【noteout】让示例 7 中的音序器具有发送 MIDI 信息的功能。如图 6.20 所示，音符信息的"音高"、"强度"两个参

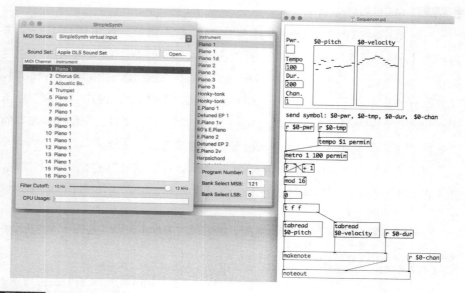

图 6.20 MIDI 音序器

数分别来自【makenote】的第一个和第二个输出口，而"通道编号"通过一个数字框来设置。打开Pd菜单的"Media- MIDI Settings"，把"Output Devices"一项选为"SimpleSynth"或者"Microsoft GS Wavetable Synth"（windows操作系统）。打开音序器，外部音源就会发声。如果你为外部音源的几个通道设置了不同的音色，可以通过调整音序器程序的"通道编号"来切换音色。

【ctlout】的使用方法与【noteout】类似，不过它的发送信息由"控制数值"、"控制编号"、"通道编号"三个参数组成。有关【ctlout】的详细使用方法请参看该对象的帮助文档。

MIDI 系统信息的处理

上述示例使用 Pd 的【notein】/【noteout】与【ctlin】/【ctlout】来接收或发送 MIDI 音符信息与 MIDI 控制信息。事实上，Pd 中的 MIDI 信息收发对象十分完善，你可以使用【midiin】与【midiout】接收与发送几乎所有类型的 MIDI 信息，包括一些设备厂商自行定义的专有信息（这可用于控制一些硬件调音台、硬件音频效果器以及 MIDI 键盘的高级功能）。不过，【midiin】与【midiout】的输入与输出内容不再是"音高"、"通道编号"等意义明确的参数，而是组成 MIDI 信息的 3 个 MIDI 字节（每个字节以十进制数 0 ~ 255 表示），因此，我们可能需要查询设备厂商的技术文档来确定这些 MIDI 字节的意义，并通过运算将它们解析为控制命令。

此外，一些硬件或软件音序器使用 MIDI 信息来控制乐曲的播放位置与播放速度。在这种方式下，发送端将使用"系统通用信息"（以状态字节 $F2_{16}$（十进制为 242）开头的 MIDI 信息）中的两个数据字节发送一个表示播放位置的数值，该数值代表一段乐曲从第一拍到当前播放位置所经过的拍数（以 1/16 音符为单位，即每小节 16 拍）。而由 MIDI 字节 $F8_{16}$（十进制为 248）代表的"系统实时信息"将以每小节 24 次（每个 1/4 音符 6 次）的频率持续发送，接收端可以依此获得乐曲的播放速度。图 6.21 的程序可以使用 Pd【midiin】与【midirealtimein】实时获取音序软件 Ableton Live 的播放位置。有关使用 MIDI 表示乐曲播放位置与速度的详细内容可以查询 MIDI 规范的"MIDI Sound Position Pointer"。

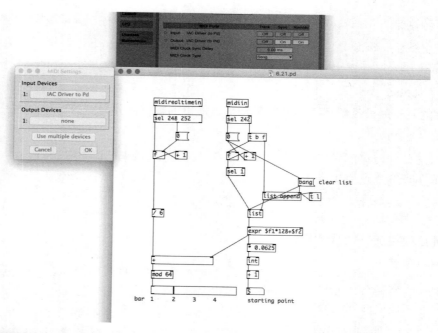

图 6.21　使用【midiin】与【midirealtimein】获取 Ableton Live 的播放位置

6.2.7　MIDI 的局限性

MIDI 最初是针对电子乐器市场开发的，但它在更广阔的多媒体系统控制领域找到了自身价值。作为一个已有 30 年历史的协议，MIDI 被用于进行视音频播放控制、特效触发、灯光烟火、坐标输出等各种类型的控制。构建交互式多媒体系统时，使用 MIDI 来实现程序或设备之间的通信依然是十分常见的方案。

尽管 MIDI 在音频系统中的地位依然不可取代，但它的局限性也十分明显。MIDI 信息的"控制数值"仅有 128 级，这经常影响到被控参数的调整精度与范围，比如一些控制器需要组合使用两个"控制编号"来控制一个参数，或者将 0 ~ 127 的数值变化映射到另一个区间，这些方式让被控参数的定义变得复杂。此外，从通信结构上讲，MIDI 是一个不包含"响应确认机制"的通信系统，这意味着当接收端因为某种原因而无法及时处理信息时，发送端并不能得到通知。举例来说，在"6.2.6 的示例 30 MIDI 音序器"中，如果 SimpleSynth 软件被关闭，Pd 音序器依然会"正常"发送 MIDI 信息，事实上 Pd 只是向选定的 MIDI 端口发出信息，而不会确认设备是否收到并正确地执行这条信息。

上述问题的一个解决方案是使用 Open Sound Control 协议，这是一个基于计算机网络进行数据传输的通信协议。包括 Pd 在内的一些多媒体软件已经开始支持这项协议。我们将在下一节里介绍 Open Sound Control 以及它在 Pd 中的使用方法。

6.3 开放式声音控制

开放式声音控制（Open Sound Control，简写为 OSC）是演艺与娱乐多媒体系统中使用较多的一种通信协议，它为声音合成器、计算机多媒体程序，以及各种交互设备之间的通信提供了一种基于现代网络的解决方案。OSC 协议定义了一种基于 OSC 信息的数据交换方式。与 MIDI 信息相比，OSC 信息的数据结构更为灵活，这解决了 MIDI 协议数据类型简单、参数精度低的问题。

在数字娱乐与互动设计领域，一些带有实时特效功能的视音频软件、灯光控制软件使用 OSC 协议来实现远程控制，而类似 Pure Data、MaxMSP、vvvv 这样的多媒体程序开发平台也普遍支持 OSC 通信。此外，一些移动平台的控制器软件以及体感交互设备也使用 OSC 来发送用户的操控信息，这些产品能为音频程序提供各种创造性的交互方式。

6.3.1 OpenSoundControl 协议概述

Open Sound Control 是由 CNMAT（Center for New Music and Audio Technologies，加州大学伯克利新音乐与音频技术中心）的 Adrian Freed 和 Matt Wright 开发的通信协议，其目的是为声音合成器、计算机以及各种多媒体设备建立一种基于现代网络的通信标准。OSC 协议定义了一种可由 UDP 或 TCP 等网络协议传输的数据格式，而使用 USB 的设备可以通过 SLIP 协议来传输 OSC 数据。无论使用何种通信链路与数据传输协议，我们都能以"地址 + 参数"的形式来查看或发送 OSC 信息，这也是 OSC 协议的设计初衷。

OSC 数据包

OSC 数据包（OSC Packet）是构成 OSC 信息的基本单位，它是一组可以被 UDP 或 TCP 协议发送的二进制数。OSC 数据包要求使用"32 位对齐"的存储格式，因此，每一个 OSC 数据包的长度都是 32 位的整数倍（比如 32 位、128 位……）。通常，支持 OSC 通信的软件不会直接显示 OSC 数据包中的二进制数据，而是将数据包翻译为文本形式的 OSC 信息来显示。

OSC 信息

使用 OSC 协议时，设备之间通过发送 OSC 信息（OSC Message）来交换数据。根据定义，一条 OSC 信息应该由"OSC 地址模组"（OSC Address Pattern）、"OSC 参数类型标签"（OSC Type Tag）、"OSC 参数"（OSC Arguments）三个部分构成[7]。

"OSC 地址模组"位于 OSC 信息首部，它是以左斜线符号（/）开始的字符串，一条 OSC 信息只能包含一个地址模组。"OSC 地址模组"可以由多个地址信息构成，每一个地址都需要以"/"作为首字符。就像操作系统中的文件路径一样，OSC 的地址写法可以描述地址之间的层级关系，比如一条 OSC 信息需要送往合成器（SynthA）的滤波器（Filter1），并控制这个滤波器的截止频率（Cutoff），可以使用下面的地址写法"/SynthA/Filter1/Cutoff"。

位于"OSC 地址模组"之后的是"OSC 参数类型标签"与"OSC 参数"。"参数类型标签"是以逗号（,）开头的一串字母，这些字母依次代表信息中各个 OSC 参数的数据类型。"参数类型标签"之后可以有多个"OSC 参数"，参数之间用"空格"隔开，参数的数目应该与"参数类型标签"的字母数目一致。OSC 参数支持多种数据类型，截止到 OSC 规范 1.1 版，可以使用的参数类型包括"32 位整数""32 位浮点数""字符串（需要符合 OSC 格式）"和"Blob（需要符合 OSC 格式）"等[8]。常用参数类型的标签字母如图 6.22 所示：

OSC 参数类型标签	对应数据类型	说明
i	32 位整型（int32）	32 位高字节序、补码形式整数
f	32 位浮点型（float32）	32 位高字节序、IEEE754 标准浮点数
s	OSC 字符串（OSC-string）	一串无空值(null)的 ASCII 字符编码，以 1 个空值结尾，再添加 0～3 个空值以保证总位长为 32 的整数倍。
b	OSC 块（OSC-blob）	OSC 块用来代表一个自定义长度的二进制数据。OSC 块以一个表示数据长度的 32 位整数开头，之后可以跟随表示二进制数据的若干字节。OSC 块的完整长度应是 32 的整数倍，因此块结尾需要加入 0～3 个 ASCII 空值。

图 6.22　常用的 OSC 参数类型

7　早期版本的 OSC 协议并不要求信息中一定包含 OSC 参数类型标签。

8　除上述四种常用参数类型外，一些软件也可能使用 OSC 协议中规定的非标准类型参数，不过，OSC 并不要求软件识别非标准类型参数，因此这些参数可能被一些软件直接丢弃。

举例来说，一条 OSC 信息的地址模组为"/SynthA/Filter1"，它包含 3 个参数，分别为字符串"bandpass"、32 位整数"2000"和 32 位浮点数"3.5"，使用 OSC 格式的写法应该是"/SynthA/Filter1, sif bandpass 2000 3.5"。需要说明的是，大多数支持 OSC 的软件只需输入信息的"地址模组"与"参数"，软件自身会自动生成"参数类型标签"（有些软件还会为地址自动加入"/"），并将这条信息翻译为 OSC 数据包来发送。图 6.23 的程序使用 Pd 的【oscformat】得到了 OSC 信息"/SynthA/Filter1 ,sif bandpass 2000 3.5"的二进制数据包形式[9]。

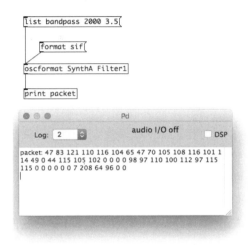

图 6.23　使用【oscformat】显示 OSC 数据包

OSC 组合信息

"OSC 组合信息"（OSC Bundle）是一条可以包含多条 OSC 信息的特殊信息，它由"OSC 组合信息标签"、"OSC 时间标签"（OSC Time Tag）与"OSC 组合元素"（OSC Bundle Elements）共同构成。根据定义，"OSC 组合信息标签"是一个内容为"#bundle"的字符串，"OSC 时间标签"是一个代表信息发送时刻的 64 位定点数。

"OSC 组合信息"中的"OSC 组合元素"由一条普通 OSC 信息和表示该信息长度的 32 位整数组成。一条"OSC 组合信息"可以包含多个"OSC 组合元素"，每个元素都以表示长度的 32 位整数开头（见图 6.24）。"OSC 组合信息"支持"自套嵌"格式，简单的说，一条组合信息可以作为另一条组合信息的一个组合元素。图 6.24 说明了一条 OSC 组合信息的数据结构。

9　这里 Pd 将一串二进制数据切分为"每 8 位一个单元"的列表信息，并用十进制数（0 ~ 255）来表示每个单元。例如，1 表示"00000001_2"，47 表示"00101111_2"，不同数制下的数值关系请参看本书"附录 B ASCII 编码表"。

Data 数据	Size 长度	Purpose 用途
OSC 字符串（OSC-string） " #bundle "	8 个字节	表明该OSC信息的类型
OSC时间标签（OSC-Timetag）	8 个字节	表明该OSC信息的产生时间
"组合元素1" 的长度	32位整型（4个字节）	OSC信息所含第1个组合元素
"组合元素1" 的内容	由"组合元素1" 的长度决定	
"组合元素2" 的长度	32位整型（4个字节）	OSC信息所含第2个组合元素
"组合元素2" 的内容	由"组合元素2" 的长度决定	
⋯ ⋯ ⋯		更多组合元素

图 6.24   OSC 组合信息的结构

"OSC 组合信息"的设计目的之一是确保 OSC 信息的执行次序。当我们使用 UDP 协议发送一系列 OSC 数据包时，由于网络拥塞、信号干扰等问题，接收端可能无法按发送顺序收到这些数据包，也可能丢失一些数据包。如果把几条信息放在一个组合信息中整体发送，接收端会在一条组合信息完整接收后才执行处理，从而保证了组合信息中多条 OSC 信息（即组合元素）的完整性与执行次序。根据协议规定如果一条 OSC 组合信息中的多个组合元素拥有同样的地址，它们会按照自身在组合信息中的先后次序被执行。此外，OSC 组合信息中包含"时间标签"信息，接收端可以依据它来调整多条组合信息的执行次序，或者丢弃出现大幅延时的信息。

OSC 信息的时间标签

OSC 组合信息中的"时间标签"使用了 NTP64 位时间戳，这是一个表示绝对时间（比如 2000 年 12 时 30 分 30 秒又 233 皮秒）的 64 比特数[10]。通常，发送端会把信息的发送时间写入"时间标签"。接收端在接到一条信息时会将"时间标签"与自己本地系统的时间进行比对，如果"时间标签"的时间早于或等于当前系统的时间，则这条信息立刻执行。另一方面，通过对发送端的设置，接收端也可能收到一条"时间标签"时间晚于系统本地时间的信息，这时，接收端可以先保存这条信息，直到"时间标签"的时刻到来时再执行它。当然，接收端也可以丢弃出现大幅延时信息。

---

10   NTP 64 位时间戳的前 32 位表示从 1900 年 1 月 1 日开始到所记录时刻所经过的秒数，后 32 位把 1 秒再细分为 2^{32} 份，因此 NTP 64 位时间戳的记录时刻能精确到某一天的第几个" 2^{32} 分之一秒（约 233 皮秒）"。

OSC 信息的地址匹配规则

使用 OSC 通信时，OSC 信息的接收端被称为 OSC 服务器，发送端被称为 OSC 客户端。OSC 的地址匹配规则定义了一个 OSC 服务器如何处理来自客户端的 OSC 信息。

OSC 服务器可以为自己添加一系列 OSC 方法（OSC Method），这些方法是 OSC 参数的实际接收者，它们可以是设备的一个功能或者一种操作。每一个 OSC 方法都对应一个确定的 OSC 地址，当 OSC 服务器收到一条 OSC 信息时，如果信息的"地址模组"与某个 OSC 方法的地址一致，OSC 服务器就会以这条 OSC 信息中的参数来执行方法。

图 6.25 说明了地址匹配规则的应用方式。图中的服务器端包含 4 个 OSC 方法，它们用来设置合成器不同模块的频率参数。如果它收到的 OSC 信息为"/synth/A/osc1/freq 1000"，则地址为"/synth/A/osc1/freq"的方法被调用，服务器会将合成器 A 中振荡器 1 的频率设为 1000。

表示 OSC 地址的字符串中允许使用一些通配符（代表特殊意义的字符），比如"?"代表一个任意字符，"*"代表一串任意字符（也可以表示没有字符）。因此，如果图 6.25 所示的服务器端收到 OSC 信息"/synth/A/osc？/freq 1000"，则会同时设置合成器 A 中振荡器 1 和振荡器 2 的频率。需要注意的是，目前并不是所有支持 OSC 协议的软件都支持通配符。

OSC服务器端： **OSC 方法与对应地址**	OSC客户端： **OSC信息**	OSC服务器端： **执行内容**
	/synth/A/osc1/freq 1000	合成器A的振荡器1的频率设为1000
	/synth/B/osc2/freq 1000	合成器B的振荡器2的频率设为1000
设置合成器A的振荡器1的频率（/synth/A/osc1/freq） 设置合成器A的振荡器2的频率（/synth/A/osc2/freq） 设置合成器B的振荡器1的频率（/synth/B/osc1/freq） 设置合成器B的滤波器1的频率（/synth/B/filter1/freq）	/synth/B/filter1/freq 1000	合成器B的滤波器1的频率设为1000
	/synth/A/osc?/freq 1000	合成器A的振荡器1的频率设为1000 合成器A的振荡器2的频率设为1000
	/synth/*/osc?/freq 1000	合成器A的振荡器1的频率设为1000 合成器A的振荡器2的频率设为1000 合成器B的振荡器1的频率设为1000

图 6.25 OSC 信息的地址匹配规则

TUIO：多点触控开发框架

TUIO 是一个以多点触控应用为设计目标的开放式框架，它包括一个以 OSC 为基础的通信协议以及代码式的触控开发工具。TUIO 通信以 OSC 数据包为基本数据单元，因此它在使用规则上与 OSC 一致。不过，TUIO 规定了使用 OSC 发送触点坐标和触控区域形状时的信息格式。

OSC 的数据传输协议

OSC 协议定义了数据的格式与执行规则，但没有提供数据的传输方法。因此，我们需要选择一个数据传输协议来实现设备间的 OSC 数据包收发。这里介绍两种现代网络中常用的数据传输协议 TCP 与 UDP。

TCP（TRANSMISSION CONTROL PROTOCOL 传输控制协议）与 UDP（USER DATAGRAM PROTOCOL 用户数据报协议）都是用于计算机网络的数据传输协议，它们通常为以太网或 Wi-Fi 技术构建的数据链路提供数据传输服务。

TCP 与 UDP 使用套接字（Socket）作为数据的通信地址。套接字是由 IP 地址与端口（Port）组成的一个网络通信地址。简单地说，IP 地址代表网络中一台设备的通信地址，而端口则可以分配给这台设备上的某个应用程序，因此，使用套接字可以在不同设备的应用程序之间建立一条逻辑上独立的数据链路。

当一个应用程序需要通信时，它需要向操作系统申请一个端口，并与所在设备的 IP 地址组成套接字以作为自己的通信地址，这样，网络中的数据就可以依据套接字被发送至这个应用程序。如果需要，一个应用程序也可以使用多个端口，这可以让应用程序与外界建立多条相互独立的数据链路，而每条数据链路都可以选择使用 UDP 或 TCP 协议。

TCP 与 UDP 的主要区别在于是否提供数据验证与纠错机制。使用 TCP 协议时，接收端需要向发送端回复每一个数据包的接收情况。如果接收端收到的数据不完整或者次序有误，就会请求发送端重新发送出错的数据包，直到数据正确为止。上述机制确保了 TCP 数据传输的可靠性，但这也意味着每个接收端都要与发送端建立一个带有反馈机制的"双向通道"（我们称之为 TCP 连接），因此 TCP 无法进行一个发送端到多个接收端的广播式通信。此外，重新发送数据也可能带来不确定的传输延时。

相比之下，UDP 只是简单地发送数据，它并不要求接收端验证或报告数据的接收情况。因此，传输相同数据量的信息时，UDP 的网络开销较小，且可以使用广播式通信。当然，在网络通信质量很差的情况下，没有验证机制的 UDP 通信可能出现数据包丢失或乱序的情况。

目前，支持 OSC 通信的软件主要使用 UDP 来传输 OSC 数据包。一方面，多媒体系统大多使用专门构建的局域网，而很少使用公共区域的 Wi-Fi 网络或互联网来传输数据，只要网络设置正确，网络带宽满足通信需求，很少出现数据包丢失或乱序的现象。另一方面，音频程序主要使用 OSC 信息完成一些实时控制，比如"演奏某个音""调整效果器的某个参数"等。如果由于网络故障或带宽不足而出现通信错误，TCP 的纠错机制会带来不可预知的操作延迟，而这种情况通常是我们更不愿意看到的。

6.3.2 在 Pd 程序中使用 OSC

在下面的示例中，我们将通过触控软件 Control 与 Pd 程序之间的通信来说明 OSC 协议的使用方法。Control 是一款移动平台的控制器软件，它允许用户自由绘制一些可以触控的按钮与滑块，并能将用户的操作通过 OSC 信息发送给其他设备。Control 支持 iOS、Android 等操作系统，你可以通过互联网免费下载该软件。

建立 OSC 通信的第一步是在发送与接收设备之间建立一个数据链路。安装在移动设备上的 Control 软件使用 UDP 协议发送 OSC 信息。因此，我们需要组建一个计算机网络，并为 Control 和 Pd 所在的设备设置 IP 地址。

组建网络：

组建网络的常用方案是使用以太网或者 Wi-Fi 技术。支持以太网的设备通常带有一个标志性的以太网接口（如图 6.26 所示），你可以通过网线将它连接到一个交换机或路由器上。一些新型的笔记本计算机可能不再内置以太网接口，不过，它们可以通过"USB- 以太网接口转换器"来实现以太网通信。

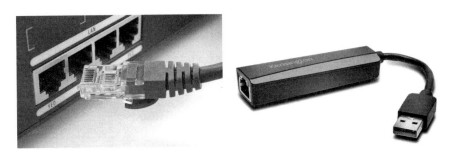

图 6.26 以太网接口

如果需要连接的设备是一个平板电脑或手机，可以使用 Wi-Fi 技术将它们连接到一个无线网络中。无线网络通常由一个无线路由器建立，不过手机与计算机设备通常也可以建立一个无线网络，这种技术有时被称为"移动热点"。

无论使用以太网还是 Wi-Fi，只要设备连接在同一个交换机或路由器上，它们之间就存在通信链路。不过，在正确配置这个网络之前，设备之间可能无法相互通信。

以太网与 Wi-Fi

以太网 Ethernet 是构建计算机网络的常用技术，大部分固定安装的计算机设备都使用以太网实现网络通信。组建网络时，我们需要通过交换机或路由器将带有以太网插口的设备用网线连接在一起。标准以太网网线的内部由 8 条导线相互缠绕而成，两边的 8 芯插头常被称为"水晶头"。今天的以太网技术能够实现 1Gbps（1024Mbit/s）以上的数据传输速率，不过，这需要使用符合千兆网标准的收发设备、交换机、路由器以及网线。作为一项标准化的通信技术，以太网的接插件、线缆以及构建数据链路的基本规则在 IEEE802.3 标准中作出规定。

Wi-Fi 是另一种常见的组网技术。它依靠电磁波来传递信号，因此可以实现无线连接。使用 Wi-Fi 组建局域网的常见方案是使用一台带有 Wi-Fi 功能的路由器，这种设备可以向附近广播一个网络服务名（又称为 SSID），带有 Wi-Fi 功能的设备通过搜索或输入此服务名来连接到一个无线网络。如果设置正确，网络中的所有设备之间（包括使用以太网与 Wi-Fi 路由器相连接的设备）都可以通信。Wi-Fi 技术可以实现 300Mbps 以上的数据传输速率，但使用环境的无线信号质量会对传输速率造成较大影响。作为一项标准化的通信技术，Wi-Fi 的无线信号频段、数据通信规则等内容在 IEEE802.11 标准中作出规定。

组建网络时，不受线缆束缚的 Wi-Fi 技术可能更加便捷，不过它也存在数据传输不稳定的风险。当一个区域存在多个无线网络或者存在无线通信干扰时，无线通信质量就会被影响。通信质量的下降不仅会降低链路的数据传输速率，也会带来不确定的通信延时。因此，在通信稳定性要求较高的实时控制场合，可以优先考虑抗干扰能力较强的有线连接方案。

设置 IP 地址

组建网络时需要为通信设备正确设定 IP 地址。IP 地址是设备在网络上的通信地址，一个局域网中的每台设备应该使用不同的 IP 地址。使用第四版 IP 协议时，IP 地址经常写为 4 个十进制数（0 ～ 255）的组合（比如 192.168.1.100）。

设备的 IP 地址可以通过网络中的路由器自动获得，这一技术被称为"动态主机配置协议 DHCP"。将设备通过网线或 Wi-Fi 连接到一个网络中，等待片刻，如果能在操作系统中查看到自己以及路由器的 IP 地址，就说明设备已经使用 DHCP 顺利获取到一个可用的 IP 地址（见图 6.27）。

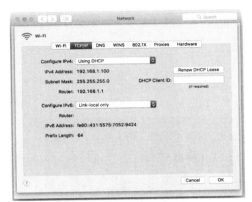

图 6.27　在操作系统中设置 IP 地址

我们也可以手动设定设备的 IP 地址，这时需要注意子网掩码（subnet mask）的填写。子网掩码是标识设备所属子网的一个 32 位数，它与 IP 地址同样使用 4 个十进制数来表示。根据通信规则，只有同一子网中的设备可以相互通信。如果将两台设备分别设定为"IP 地址：192.168.1.10，子网掩码 255.255.255.0"与"IP 地址：192.168.1.11，子网掩码 255.255.255.0"，则这两台设备同属于子网"192.168.1.0"，两者可以相互通信。需要注意的是，当你使用 Wi-Fi 路由器组建网络时，一些设备可能需要你正确填写路由器的 IP 地址，并使你的设备与路由器处于同一个子网。

自动获取或手动填入设备的 IP 地址与子网掩码之后，你可以通过计算机操作系统发送测试命令"Ping"来测试它与另一台设备间的数据链路是否正常。在本例中，我们使用 MacOSX 操作系统的"网络工具 - Ping"向 Control 所在的移动设备发送测试信息，填入移动设备的 IP 地址，如果得到如图 6.28 所示的回复，则证明数据链路已被正确建立。Ping 命令也可以帮你获取两台设备间的通信延迟值。

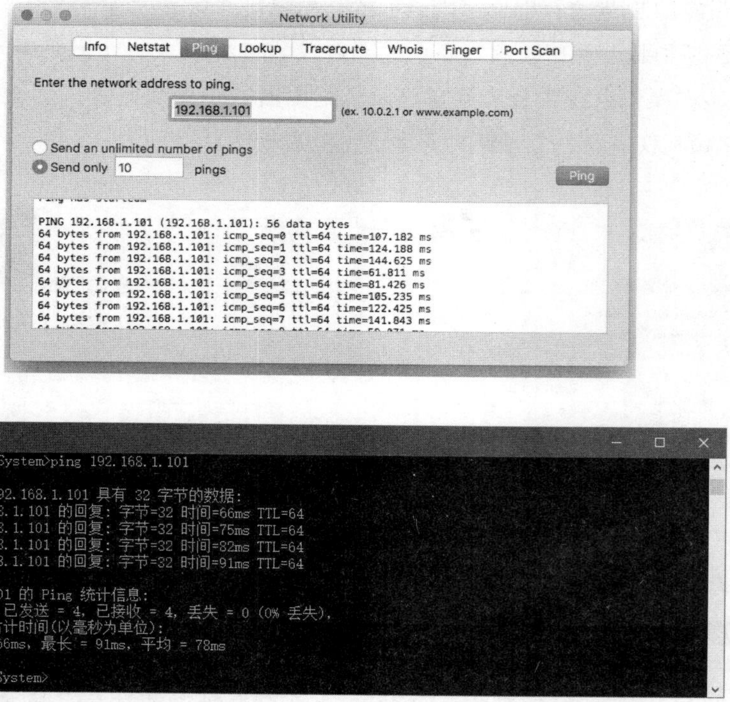

图 6.28 网络测试工具 "Ping"

IP 地址与子网掩码

IP 地址（IP address）是现代网络中较常使用的一种通信地址。根据"第四版互联网协议 IPv4"，IP 地址是一个 32 位的二进制数，为了便于识别，我们使用"点分十进制"[11] 的方式来表示它，例如"192.168.5.130"。

为了更有效地管理网络通信，我们使用子网掩码（subnet mask）将 IP 地址划分成不同的子网。子网掩码同样是一个 32 位二进制数，将它与 IP

地址进行"与运算"[12] 可以得到一个 IP 地址的"网络地址"（见图 6.29）。"网络地址"相同的两个 IP 地址属于同一个子网，而根据协议，只有同一个子网中的设备才可以通信。

一个子网中数值最大的 IP 地址被作为这个子网的广播地址，它不能被分配给设备。发送至子网广播地址的信息将被转发给该子网中的所有设备。以 IP 地址"192.168.1.5"，子网掩码

11　将 32 位的二进制数用"."分为 4 个 8 位数，每个 8 位用十进制数 0 ～ 255 来表示，这种方式便于我们识别与记录一长串二进制值。

12　一种二进制逻辑运算，常用符号 & 表示，1&1 结果为 1，0&0 结果为 0，1&0 结果为 0。简单地说，IP 地址中与子网掩码（二进制形式）"1"相对的一系列数位代表"网络地址"，而与"0"相对的数位组成了"主机地址"。

"255.255.255.0"为例,这个子网的网络地址是192.168.1.0,广播地址是192.168.1.255[13]。此外,IP地址"127.0.0.1"被称为回送地址,它是一个指代设备自身的特殊地址。当设备向127.0.0.1发送信息时,这条信息不会被设备通过任何网络接口发出,而是直接被设备自己收到。当你需要在同一台计算机上的多个应用程序之间相互发送信息时,可以用"127.0.0.1"配合端口号来建立本地应用程序之间的通信。

端口与套接字

现代网络通信协议中的端口(Port)由一个取值在 0 ～ 65535 之间的数字表示。端口和 IP 地址通常组合使用,成为一个套接字(Socket), 比 如 "192.168.5.130:9000",(冒号后面的数字代表端口号)。当网络设备上的一个应用程序需要通信时,可以为它设置一个端口号,再以套接字(IP 地址:端口号)作为这个程序的网络通信地址。举例来说,计算机 A 的 IP 地址为 192.168.5.130,它所运行的 Pd 软件"Synthesizer"使用端口 9000 作为自己的通信端口。那么网络中发往地址("192.168.5.130:9000")的数据包就会送至计算机 A 的 Pd 程序"Synthesizer"。需要说明的是,端口号 0 ～ 5000 通常被操作系统及一些常用程序占用,因此自己开发多媒体程序时,应该使用 5000 以上的端口号。

	二进制形式	点分十进制形式
IPv4 地址	11000000.10101000.00000101.10000010	192.168.5.130
子网掩码	11111111.11111111.11111111.00000000	255.255.255.0
网络地址	11000000.10101000.00000101.00000000	192.168.5.0
主机地址	00000000.00000000.00000000.10000010	0.0.0.130

图 6.29 IP 地址与子网掩码

设置 OSC 信息的发送与接收端口

完成 Control 与 Pd 所在设备的网络设置后,我们需要对应用程序的 OSC 信息发送与接收地址进行设置。

---

13 简单地说,使用子网掩码"255.255.255.0"时,网络地址"192.168.1.0"的下一个网络地址是"192.168.2.0",因此,"192.168.1.255"是其所在子网中数值最大的一个地址。

打开软件 Control，通过页面底部按钮进入"Destinations"（发送目标）菜单，单击右上角的"+"，将 Pd 所在计算机的 IP 地址与接收端口填入目标列表并高亮选中，这里我们使用默认的端口 10000。Control 的"Preferences"（偏好设置）菜单可以设置自己的 OSC 信息接收端口，在本例中 Control 的 OSC 信息接收端口（OSC Receive Port）设为 8080。

Pd 的 OSC 通信可以通过对象【netsend】与【netreceive】实现。如图 6.30 所示的程序使用【netreceive –u –b 10000】获取了发送至本机端口 10000 的 UDP 数据包。这里的"-u"，"-b"，"10000"三个参数分别代表"使用 UDP 协议""使用二进制数据[14]"和"接收端口为 1000"。【netsend】的参数使用方法与【netreceive】类似，比如【netsend –u –b】的功能是使用 UDP 协议发送二进制数据。不过，在发送数据之前，我们需要对【netsend】发送一次信息"connect IP 地址端口"以设定发送目标的通信地址，收到带有目标地址的连接命令后，如果【netsend】的左输出口输出信息"1"（即图 6.30 中的开关模块被激活），则表示【netsend】可以正常发送信息。

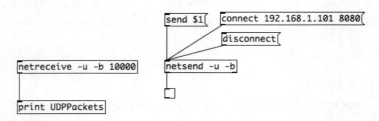

图 6.30 使用【netreceive】与【netsend】接收与发送 UDP 数据包

OSC 信息的处理

Pd 程序可以通过网络接收 OSC 信息并将其作为列表信息来处理。在本例中，我们使用 Control 的"MultiTouchXY"界面（通过 Interfaces 菜单选择）向 Pd 发送代表触点坐标的 OSC 信息。移动界面中的方形触点 1，Control 软件将发出 OSC 信息"/multi/1 x y"，（这里的 x 与 y 是两个取值在 0 ~ 1 之间的浮点数），如果网络通信正常，【netreceive –u –b 1000】将会输出一串代表 OSC 数据包的数字，将这串数字输入【oscparse】，就能获得列表信息形式的 OSC 信息"list

---

14　Pd 将二进制数据每 8 位分为一组，并用十进制数显示每个 8 位二进制数值，因此【netreceive-b】的输出结果将是一组取值为 0 ~ 255 的十进制数。另一方面，如果不添加参数"-b"，【netreceive】与【netsend】会使用 ASCII 编码发送与接收字符串信息，信息的格式使用一种称为 FUDI 的协议。

multi 1 x y"（见图 6.32）[15]。我们可以使用【list trim】去掉列表信息头部的选择符
"list"，再通过【unpack】来获取信息中的每一个参数。需要注意的是，OSC 信
息"/multi/1 x y"中的"1"属于地址模组，它与"multi"都是字符信息，因此
需要使用字符框（CMD/CTRL+4）来显示（见图 6.32）。

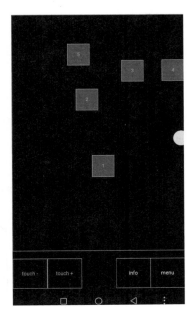

图 6.31 应用程序 Control 的 "MultiTouchXY" 界面

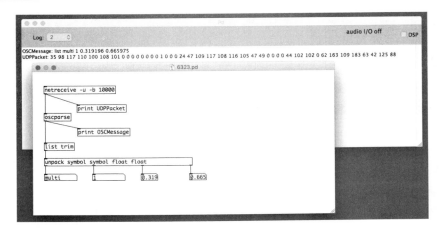

图 6.32 使用【oscparse】与【netreceive】接收 OSC 信息

---

15 如果 Pd 无法得到来自"Control"的信息，可以使用 Ping 工具测试计算机到移动设备的数据
通信，并关闭或设置网络防火墙，以保证计算机的端口 10000 能够正常通信。操作系统的防火墙软
件可能会在 Pd 首次收到网络信息时弹出窗口，让用户决定是否允许 Pd 与其他网络设备建立通信。

如果需要 Pd 程序发送 OSC 信息，可以使用【oscformat】产生能被【netsend】发送的 OSC 数据包。【oscformat】的预设参数可以设定信息的"OSC 地址模组"，而"OSC 参数"由输入的列表信息决定。举例来说，将列表信息"list bandpass 2000 3.5"输入【oscformat SynthA Filter1】，就会产生 OSC 信息"/SynthA/Filter1 bandpass 2000 3.5"。这里，【oscformat】的输出信息是一个 OSC 数据包，我们可以使用【netsend –u –b】来发送它。在本例中，我们向移动设备上的 Control 发送 OSC 信息"/multi/1 float float"（这里 float 代表一个 0 ～ 1 之间的浮点数），这可以移动"MultiTouchXY"界面上的触点（见图 6.31）。

【oscformat】可以使用参数"-f"开启 OSC 参数类型设定功能，并通过信息"format sifb"来设定所发送 OSC 信息的参数类型。举例来说，如果输入【oscformat】的列表信息为"0 1"，使用"format ff"，则输出信息中的 OSC 参数为浮点数"0"和"1"；如果使用"format si"，则输出信息为字符"0"与整数"1"。此外，使用"format b"可以让我们以 OSC 块（OSC blob）的方式发送一个自定义类型的数据。

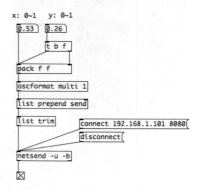

图 6.33　使用【oscformat】与【netsend】发送 OSC 信息

外部库 mrpeach 的 OSC 信息处理对象

截止 Pd vanilla 0.47 版，对象【oscparse】在输出内容上并不区分"OSC 地址模组"与"OSC 参数"，因此，由【oscparse】获取的数据是由各级地址与参数依次组成的多元素列表信息。如果希望以"/ 一级地址 / 二级地址 / 三级地址……参数 1、参数 2、参数 3……"的格式显示 OSC 信息，可以使用 Pd 外部库"mrpeach"中的对象【mrpeach/unpackOSC】来代替【oscparse】。图 6.34 展示了 mrpeach 库中【unpackOSC】与【routeOSC】的用法。【routeOSC】可以依据 OSC 地址将 OSC 信息发送至不同的目标，你可以使用一个单级（比如"/pd""/SynthA"），或是多级地址（比如"/SynthB/Filter"）作为其预设参数。此外，mrpeach 库中还包含对象【packOSC】，它的功能与【oscformat】类似，不过它支持地址中的通配符。如图 6.34 所示的信息"/pd/Synth?/Filter 3000 2.5"将同时设置 SynthB 与 SynthA 的 Filter 参数。

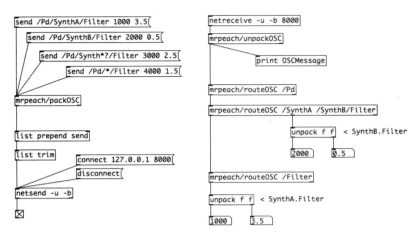

图 6.34　使用外部库 mrpeach 进行 OSC 信息处理

6.4　常用交互设备

　　交互设备发展自计算机的输入设备，它们的设计目的是将用户的操作指令输入计算机。随着人机交互与计算机多媒体技术的发展，一些称为体感控制器的交互设备开始出现，这些设备可以识别我们的表情、手势等各种身体动作，让我们能用更自然的方式与计算机交流。这里我们对一些常用交互设备的功能，以及它们与 Pd 程序的通信方案作出简单介绍。

Kinect

　　Kinect 是微软公司为游戏主机 Xbox360 开发的体感控制器，它集成有摄像头、话筒以及红外深度扫描器等装置，可以配合驱动程序实现手势识别、动作捕捉、语音控制等功能。Kinect 系列的第二代控制器 Kinect v2 于 2013 年发布，相比第一代产品，Kinect v2 使用了更高分辨率的摄像头以及更先进的深度扫描技术，可以同时获取 6 个人的关节位置数据，并能识别手掌开合等简单的手势动作。

　　微软公司为 Kinect 发布了专门的软件开发工具包（Kinect SDK），爱好者可以使用 Kinect SDK 编写程

图 6.36　Kinect v2

序来获取由 Kinect 捕获的视频、音频、深度信息、关节位置等所有数据，不过使用 SDK 开发程序需要一定的计算机编程能力，普通用户如果希望使用"身体动作"来操控你的多媒体程序，可以使用一些第三方接口软件将用户的关节位置数据以 OSC 信息形式发送给 Pd 或其他软件。比如 Jon Bellona 开发的 SimpleKinect、Andrew McWilliams 开发的 KinectV2-OSC 等。

    Kinect 出色的体感交互功能与低廉的价格让它成为多媒体系统的常用控制设备之一，你可以在科技馆、博物馆、体验厅以及各种娱乐与教育领域看到 Kinect 的使用，同时它也为交互艺术作品提供了一种获取观众行为的技术手段。尽管 Kinect，已经在 2017 年 10 月宣布停产，不过其核心技术已经被微软整合到其他交互设备中，相信很快会有新的体感交互设备面世。

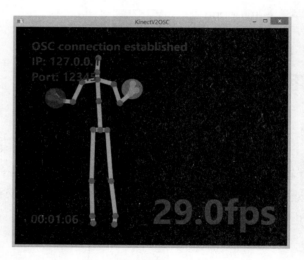

图 6.37　使用 KinectV2-OSC 获取关节位置数据

Leap Motion

    Leap Motion 是由 LeapMotion 公司开发的一款桌面式手势识别设备。它使用两个内置的红外摄像头来获取用户双手的三维影像，再通过驱动程序中的算法获得各个手指的空间位置数据。

    Leap Motion 通过 USB 与计算机连接，你可以通过 Leap Motion 的应用商店下载一些基于 Leap Motion 的应用软件，这包括一些能将手指位置与手势数据以 OSC 或 MIDI 协议发送的工具类软件，比如 OSC Motion、ManosOSC 等。借助这些软件，Pd 就能以 OSC 或 MIDI 信息的形式获取 Leap Motion 的数据。此外，Pd 也可以通过外部库直接获取 LeapMotion 的数据，例如 chikashimiyama 开发的 Pd_leapmotion_。

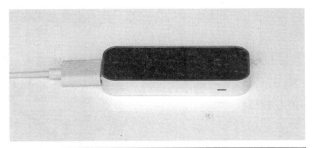

图 6.38 Leap Motion

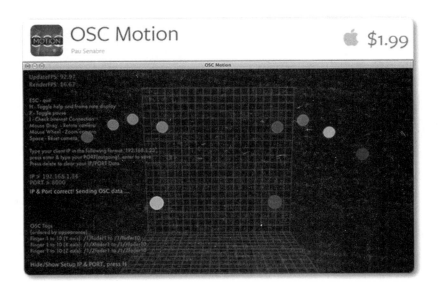

图 6.39 使用 OSC Motion 获取手指位置数据

MYO

MYO 是由 Thalmic Labs 开发的一款臂环式手势识别设备。MYO 内置肌电传感器、陀螺仪、加速度计等装置，可以通过手臂的肌电图数据来识别一些基本的手势，比如挥手、握拳、双指敲击等。

MYO 使用蓝牙技术与计算机连接，你可以通过 MYO 的应用商店获取一些基于 MYO 的控制软件，它们让 MYO 具有发送 MIDI 或 OSC 信息的功能，比如 leviathan。一些由爱好者开发的接口程序也可以让 MYO 的基本数据通过 OSC 协议发送，比如 Samy Kamkar 开发的 Myo-OSC。

图 6.40　MYO Armband

FaceOSC

FaceOSC 是基于开源框架 FaceTracker 构建的面部识别程序。这一项目由 Jason Saragih 博士开发，目前由 Kyle McDonald 负责维护。FaceOSC 可以使用普通摄像头来获取面部位置、面部朝向以及面部器官的动作，并将这些数据通过 OSC 信息发送。

OSCulator

OSCulator 是一款运行于 MacOSX 操作系统的 MIDI-OSC 协议转换软件，它可以接收 MIDI 信息并将其转换为 OSC 信息发送给目标设备，也可以作出反向转换。OSCulator 的信息转换与参数映射选项十分丰富，你可以自定义 OSC 信息的发送地址、参数类型、以及发送条件。

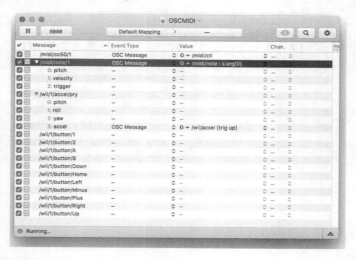

图 6.41　OSCulator

OSCulator 可以识别 Wacom 手写板、任天堂 Wiimote 手柄、3D Connexion SpaceNavigator 3D 鼠标几种输入设备。用户对这些设备的操作可以被 OSCulator 捕获并通过 OSC 或 MIDI 协议发送给其他软件。例如你希望用"挥动"Wiimote 手柄的方式来控制音频程序，可以将 Wiimote 的加速度（accel）数据以 OSC 信息形式发送给 Pd，并设定信息的发送条件为"当加速度数值超过 0.5 时"。当然，我们也可以在 Pd 中对控制器数据进行更复杂的处理。

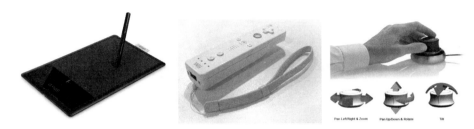

图 6.42　Wacom 手写板、Wiimote 手柄、SpaceNavigator 鼠标

Arduino

Arduino 是一个开源的电子硬件开发平台，它的设计理念是帮助硬件爱好者更轻松地开发出自己的电子设备。Arduino 平台由一系列标准化的 Arduino 控制板（Arduino Boards）与 Arduino 软件开发环境（Arduino Software IDE）共同组成，我们可以通过官方网站下载 Arduino 软件开发环境，以及查询各种 Arduino 控制板的技术规格。

Arduino 控制板使用最基本的模拟与数字接口，可以连接一些工业用电子元件、执行器或者传感器，比如 LED 灯、步进电机、温湿度传感器、距离传感器、光线传感器、压力传感器等。Arduino 控制板可以独立运行，使用 Arduino 开发环境将控制代码写入 Arduino 控制板后，控制板就可以获取传感器的数据或是控制其他电子设备。

图 6.43　Arduino UNO 控制板与可穿戴式 Arduino Lilypad 控制板

图 6.44　Arduino 软件开发环境以及内置的控制代码示例

　　标准的 Arduino 控制板可以使用串行通信协议与计算机通信，这意味着 Pd 程序可以通过 Arduino 控制板来获取各种传感器的数据，或是控制 LED 灯、步进电机，甚至一些复杂的电子设备。Pd 可以通过外部库的【comport】对象进行串行通信，不过使用串行通信来获取控制板接口数据涉及到 Arduino 控制代码的编写。Pd 的外部库 Pduino 为 Pd 与 Arduino 控制板之间的通信提供了一个简单的解决方案[16]，用户只需使用 Arduino 开发环境将通用控制代码 "Firmata" 写入 Arduino 控制板，就可以通过 Pduino 的【arduino】或【arduino-gui】对象获取 Arduino 控制板上模拟接口与数字接口的数据。有关 Pduino 的详细使用方法请参看其帮助文档。

　　作为一款硬件开发平台，Arduino 也可以通过扩展模块与计算机建立无线通信。比如使用 Xbee 系列的蓝牙模块、ESP8266 WIFI 模块等，不过扩展模块以及一些复杂传感器的使用需要用户具有一定的电子学知识与计算机编程能力。令人振奋的是，Arduino 在教育、物联网、交互媒体等领域的迅速发展让硬件厂商开始为 Arduino 生产一些 "即插即用式" 的传感器设备，而由 Arduino 官方维护的代码库以及各类爱好者论坛也会分享一些传感器及其他模块的控制代码，这一切让我们能更轻松的使用 Arduino 为音频程序设计各种交互方式。

　　16　Pduino 使用【comport】对象与 Arduino 进行通信，如果使用 Pd vanilla 版本，需要安装外部库 "comport"。

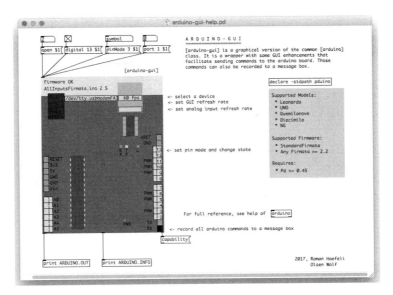

图 6.45 Pduino 的【arduino-gui】

MIDI 信息格式

MIDI 通道音色信息 （Channel Voice Messages）

功能	状态字节		数据字节	说 明
	二进制	十六进制		
Note On (Velocity of 0=Note Off)	1001cccc	9c	0nnnnnnn 0vvvvvvv	cccc=Channel number, 1–16 (0–F_{16}) nnnnnnn=Note number, 0–127 (00–$7F_{16}$) vvvvvvv=Velocity, 0–127 (00–$7F_{16}$)
Poly Key Pressure	1010cccc	Ac	0nnnnnnn 0rrrrrrr	cccc=Channel number, 1–16 (0–F_{16}) nnnnnnn=Note number, 0–127 (00–$7F_{16}$) rrrrrrr=Pressure, 0–127 (00–$7F_{16}$)
Control Change	1011cccc	Bc	0xxxxxxx 0yyyyyyy	cccc=Channel number, 1–16 (0–F_{16}) xxxxxxx=Control number, 0–120 (00–78_{16}) yyyyyyy=Control Value, 0–127 (00–$7F_{16}$)
Program Change	1100ccc	Cc	0ppppppp	cccc=Channel number, 1–16 (0–F_{16}) ppppppp=Prog. number, 0–127 (00–$7F_{16}$)
Channel Pressure	1101cccc	Dc	0xxxxxxx	cccc=Channel number, 1–16 (0–F) xxxxxxx=Pressure value, 0–127 (00–7F)
Pitch Bend Change	1110cccc	Ec	01111111 0mmmmmmm	cccc=Channel number, 1–16 (0–F_{16}) 1111111=Least significant pitch octet mmmmmmm=Most significant pitch octet

MIDI 通道模式信息 （Channel Mode Messages）

功能	状态字节		数据字节		说 明
	二进制	十六进制	二进制	十六进制	
All Sound Off	1011cccc	Bc	01111000 00000000	78 00	cccc=Ch. number, 1–16 $(0-F_{16})$
Reset All Controllers	1011cccc	Bc	01111001 00000000	79 00	cccc=Ch. number, 1–16 $(0-F_{16})$
Local Control Off	1011cccc	Bc	01111010 00000000	7A 00	cccc=Ch. number, 1–16 $(0-F_{16})$
Local Control On	1011cccc	Bc	01111010 01111111	7A 7F	cccc=Ch. number, 1–16 $(0-F_{16})$
All Notes Off	1011cccc	Bc	01111011 00000000	7B 00	cccc=Ch. number, 1–16 $(0-F_{16})$
Omni Mode Off	1011ccc	Bc	01111100 00000000	7C 00	cccc=Ch. number, 1–16 $(0-F_{16})$
Omni Mode On	1011cccc	Bc	01111101 00000000	7D 00	cccc=Ch. number, 1–16 $(0-F_{16})$
Mono Mode On (Poly Mode Off)	1011cccc	Bc	01111110 0nnnnnnn	7E	cccc=Ch. number, 1–16 $(0-F_{16})$ nnnnnnn=Number of channels
Poly Mode On (Mono Mode Off)	1011cccc	Bc	01111111 00000000	7F 00	cccc=Ch. number, 1–16 $(0-F_{16})$

MIDI 系统通用信息 （System Common Messages）

功能	状态字节		数据字节	说明
	二进制	十六进制		
Song Position Pointer	11110010	F2	01111111 0mmmmmmm	1111111 = Least significant octet mmmmmmm = Most significant octet
Song Select	11110011	F3	0sssssss	sssssss = Song number
Undefined	11110100	F4		
Undefined	11110101	F5		
Tune Request	11110110	F6		

MIDI 系统实时信息 （System Real-time Messages）

系统实时信息只有状态字节

功能	状态字节	
	二进制	十六进制
Timing Clock	11111000	F8
Undefined	11111001	F9
Start	11111010	FA
Continue	11111011	FB
Stop	11111100	FC
Undefined	11111101	FD
Active Sensing	11111110	FE
System Reset	11111111	FF

MIDI音符编号 -音名-频率 对应表

MIDI GM2 控制编号-功能 对应表

- Bank Select (cc#0/32)－ 库选择
- Modulation Depth (cc#1)－ 调制深度
- Portamento Time (cc#5)－ 滑音时间
- Channel Volume (cc#7)－ 通道音量
- Pan (cc#10)－ 相位
- Expression (cc#11)－ 表情控制
- Hold1 (Damper) (cc#64)－ 制音开关
- Portamento ON/OFF (cc#65)－ 滑音开关
- Sostenuto (cc#66)－ 延音
- Soft (cc#67)－ 柔和度
- Filter Resonance (Timbre/Harmonic Intensity) (cc#71)－ 滤波器共鸣值
- Release Time (cc#72)－ 释放时间
- Brightness (cc#74)－ 亮度
- Decay Time (cc#75) (新讯息) － 衰减时间
- Vibrato Rate (cc#76) (新讯息) － 颤音率
- Vibrato Depth (cc#77) (新讯息) － 颤音深度
- Vibrato Delay (cc#78) (新讯息) － 颤音延迟
- Reverb Send Level (cc#91)－ 混响效果发送电平
- Chorus Send Level (cc#93)－ 合成效果发送电平
- Data Entry (cc#6/38)
- RPN LSB/MSB (cc#100/101)

ASCII 代码表

十进制	二进制	符号	十进制	二进制	符号	十进制	二进制	符号	十进制	二进制	符号
0	0000 0000	NUL	32	0010 0000	[空格]	64	0100 0000	@	96	0110 0000	`
1	0000 0001	SOH	33	0010 0001	!	65	0100 0001	A	97	0110 0001	a
2	0000 0010	STX	34	0010 0010	"	66	0100 0010	B	98	0110 0010	b
3	0000 0011	ETX	35	0010 0011	#	67	0100 0011	C	99	0110 0011	c
4	0000 0100	EOT	36	0010 0100	$	68	0100 0100	D	100	0110 0100	d
5	0000 0101	ENQ	37	0010 0101	%	69	0100 0101	E	101	0110 0101	e
6	0000 0110	ACK	38	0010 0110	&	70	0100 0110	F	102	0110 0110	f
7	0000 0111	BEL	39	0010 0111	'	71	0100 0111	G	103	0110 0111	g
8	0000 1000	BS	40	0010 1000	(	72	0100 1000	H	104	0110 1000	h
9	0000 1001	HT	41	0010 1001	)	73	0100 1001	I	105	0110 1001	i
10	0000 1010	LF	42	0010 1010	*	74	0100 1010	J	106	0110 1010	j
11	0000 1011	VT	43	0010 1011	+	75	0100 1011	K	107	0110 1011	k
12	0000 1100	FF	44	0010 1100	,	76	0100 1100	L	108	0110 1100	l
13	0000 1101	CR	45	0010 1101	-	77	0100 1101	M	109	0110 1101	m
14	0000 1110	SO	46	0010 1110	.	78	0100 1110	N	110	0110 1110	n
15	0000 1111	SI	47	0010 1111	/	79	0100 1111	O	111	0110 1111	o
16	0001 0000	DLE	48	0011 0000	0	80	0101 0000	P	112	0111 0000	p
17	0001 0001	DC1	49	0011 0001	1	81	0101 0001	Q	113	0111 0001	q
18	0001 0010	DC2	50	0011 0010	2	82	0101 0010	R	114	0111 0010	r
19	0001 0011	DC3	51	0011 0011	3	83	0101 0011	S	115	0111 0011	s
20	0001 0100	DC4	52	0011 0100	4	84	0101 0100	T	116	0111 0100	t
21	0001 0101	NAK	53	0011 0101	5	85	0101 0101	U	117	0111 0101	u
22	0001 0110	SYN	54	0011 0110	6	86	0101 0110	V	118	0111 0110	v
23	0001 0111	ETB	55	0011 0111	7	87	0101 0111	W	119	0111 0111	w
24	0001 1000	CAN	56	0011 1000	8	88	0101 1000	X	120	0111 1000	x
25	0001 1001	EM	57	0011 1001	9	89	0101 1001	Y	121	0111 1001	y
26	0001 1010	SUB	58	0011 1010	:	90	0101 1010	Z	122	0111 1010	z
27	0001 1011	ESC	59	0011 1011	;	91	0101 1011	[	123	0111 1011	{
28	0001 1100	FS	60	0011 1100	<	92	0101 1100	\	124	0111 1100		
29	0001 1101	GS	61	0011 1101	=	93	0101 1101	]	125	0111 1101	}
30	0001 1110	RS	62	0011 1110	>	94	0101 1110	^	126	0111 1110	~
31	0001 1111	US	63	0011 1111	?	95	0101 1111	_	127	0111 1111	DEL

分贝值 – 功率比 – 振幅比对应关系

分贝值	功率比	振幅比
100	10 000 000 000	100 000
90	1 000 000 000	31 623
80	100 000 000	10 000
70	10 000 000	3 162
60	1 000 000	1 000
50	100 000	316 .2
40	10 000	100
30	1 000	31 .62
20	100	10
10	10	3 .162
6	3 .981 ≈ 4	1 .995 ≈ 2
3	1 .995 ≈ 2	1 .413 ≈ $\sqrt{2}$
1	1 .259	1 .122
0	1	1
−1	0 .794	0 .891
−3	0 .501 ≈ 1/2	0 .708 ≈ $\sqrt{1/2}$
−6	0 .251 ≈ 1/4	0 .501 ≈ 1/2
−10	0 .1	0 .316 2
−20	0 .01	0 .1
−30	0 .001	0 .031 62
−40	0 .000 1	0 .01
−50	0 .000 01	0 .003 162
−60	0 .000 001	0 .001
−70	0 .000 000 1	0 .000 316 2
−80	0 .000 000 01	0 .000 1
−90	0 .000 000 001	0 .000 031 62
−100	0 .000 000 000 1	0 .000 01